U0387774

大学生计算机基础实训指导

杨剑宁 主编

清华大学出版社
北京

内 容 简 介

本教材根据教育部非计算机专业计算机基础课程指导分委员会新指定的教学大纲、2013年全国计算机等级考试调整后的考试大纲,并紧密结合高等学校非计算机专业培养目标和新的计算机技术而编写。作为《大学计算机基础》一书的配套教材,本书的实验内容紧密结合主教材中的内容,旨在指导读者更好地完成实践环节,提高上机实训的效率。

本书可作为本科、高职高专院校的公共计算机基础课程教材,也可作为计算机应用水平考试及计算机从业人员的自学教材。

图书在版编目(CIP)数据

大学生计算机基础实训指导/杨剑宁主编. —北京:清华大学出版社,2019(2024.9重印)
ISBN 978-7-302-53636-9

Ⅰ. ①大… Ⅱ. ①杨… Ⅲ. ①电子计算机-高等学校-教学参考资料 Ⅳ. ①TP3

中国版本图书馆 CIP 数据核字(2019)第 172147 号

责任编辑:张 莹
封面设计:傅瑞学
责任校对:王凤芝
责任印制:宋 林

出版发行:清华大学出版社
    网　　　址:https://www.tup.com.cn,https://www.wqxuetang.com
    地　　　址:北京清华大学学研大厦 A 座　　　邮　　编:100084
    社 总 机:010-83470000　　　邮　　购:010-62786544
    投稿与读者服务:010-62776969,c-service@tup.tsinghua.edu.cn
    质量反馈:010-62772015,zhiliang@tup.tsinghua.edu.cn
印 装 者:大厂回族自治县彩虹印刷有限公司
经　　销:全国新华书店
开　　本:185mm×260mm　　　印　　张:9　　　字　　数:205 千字
版　　次:2019 年 8 月第 1 版　　　印　　次:2024 年 9 月第12次印刷
定　　价:39.00 元

产品编号:085377-01

《大学生计算机基础实训指导》
编 委 会

主　编：杨剑宁

副主编：徐　梅　王先水　杜丽芳

前　言

　　按照三部委(教育部、国家发改委、财政部)联合印发的本科高校向应用型转变的指导意见,计算机领域的教学改革必须与计算机技术的发展相匹配,需要用新知识、教材、手段并结合学生的实际情况进行教学,用科学性强并简单易懂、生动活泼的形式进行教学,实现"以学生动手能力为基础,以运用知识解决问题为突破口,以基础知识＋上机实训＋项目实训模式组织教学"的应用型人才培养目标。

　　为了让学生更好地理解、掌握、运用《大学生计算机基础》教材,我们特编写与之配套的《大学生计算机基础实训指导》教材。本教材以目前常用的操作系统Windows 7和Office 2010办公软件为基础,强调基础性与实用性,突出"能力导向、学生主体"原则,采用"项目驱动"的教学模式。按《大学生计算机基础》章节编写上机实验项目、综合实训。每个实验项目均有详细的实验步骤及实验提示,指导教学具有针对性。

　　感谢武汉工程科技学院教务处处长胡晶晶、武汉工程科技学院信息工程学院院长张友纯教授对于本书的大力支持以及提出的宝贵指导意见,本书由杨剑宁、徐梅、王先水、杜丽芳老师共同编写完成。在编写过程中使用的上机实验项目、综合实训项目均来自作者授课的讲稿,并参考了相关书籍,对引用内容的书目在参考文献中一一列出,在此对相关作者表示诚挚的谢意。由于水平有限,书中难免存在疏漏,敬请同行专家批评指正。

编　者

2019年3月于武汉

目　录

第1章

计算机基础知识

实验1　编写组装一台计算机的策划书

一、实验目的

(1) 掌握计算机的硬件系统组成。

(2) 掌握计算机的软件系统组成。

(3) 掌握计算机的系统性能指标。

(4) 掌握计算机的工作原理。

二、实验内容与步骤

运用所学的计算机基础知识按工作岗位要求编写组装一台计算机的策划文档报告。

具体要求：

遵循够用适用且5年内不被淘汰的原则，公司给新进的员工配置一台办公用的计算机。

任务：给新入职员工配置办公用计算机。

【任务描述】

王维民大学毕业，被某平面设计公司聘用后，安排在平面广告设计岗位。上班后，主管要给他配备一台计算机，要求本着够用适用的原则写一个适合平面设计的计算机配置方案，报批并采购后还要他自己安装硬件和软件。

【任务实现】

常见计算机硬件功能及性能指标；市场上计算机配件参数及性价比；组装计算机的方法；平面广告设计所需的软件、安装的操作系统软件对硬件的基本需求。

按下列要求编写组装计算机的策划报告。

（1）需求分析

（2）市场调研

（3）拟订方案

（4）方案报批

（5）采购安装

（6）调试运行

（7）结果汇报

实验 2　计算机硬件参数设置及基本操作

一、实验目的

（1）熟悉微机的基本结构、组成部件、连接方法。

（2）掌握 CMOS 的设置方法。

（3）掌握硬盘分区和格式化方法。

（4）掌握操作系统及硬件驱动程序的安装方法。

二、准备知识

1. 什么是 BIOS

BIOS(Basic Input Output System,基本输入输出系统)是固化在主板上 ROM 芯片中的一组程序,其中保存有计算机系统最重要的基本输入输出程序、系统设置程序、开机加电自检程序和系统启动自检程序。

这里需要注意,CMOS 与 BIOS 都与微机系统设置密切相关,但从概念上来说,它们是不同的。CMOS 只是系统存放参数的地方,是随机存储器,关机时需要主板上的电池供电来保持数据,且 BIOS 中的系统设置程序是完成 CMOS 参数设置的基础。因此,CMOS 与 BIOS 的关系的准确说法是"通过 BIOS 设置程序对 CMOS 参数进行设置"。新购的计算机或者增加新设备时,一般都需要进行 BIOS 设置。如果 CMOS 中关于计算机的配置信息不正确,会导致系统性能降低,有的设备不能识别、经常死机,甚至无法引导操作系统。

主要的 BIOS 厂商有 Award、Phoenix 和 AMI 三家(Award 已被 Phoenix 收购,实际是一家公司)。大多数主板都是采用 Award BIOS 或者基于 Award BIOS 内核改进的产品,采用 AMI BIOS 的产品相对较少,Phoenix BIOS 主要是笔记本计算机和一些国外品牌计算机采用。

不同主板的 BIOS 设置的内容也不相同,这里以 Phoenix-Award BIOS 为例对常用的一些选项做简要说明。

Phoenix-Award BIOS 设置的主菜单主要如图 1.1 所示。

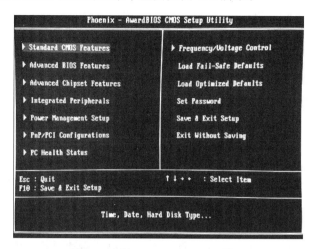

图 1.1　Phoenix-Award BIOS 设置

（1）Standard CMOS Fentures（标准 CMOS 设置）。这部分内容主要用来设置系统日期、时间、软/硬盘参数、显示器类型等。

Date(mm:dd:yy)：设置日期，日期的格式为"月份-日期-年份"。

Time(hh:mm:ss)：设置时间，时间的格式为"时-分-秒"。

IDE Channel 0 Master：第一并行 IDE 通道主硬盘，按 Enter 键可以查看到该硬盘的参数设置。

IDE Channel 0 Slave：第一并行 IDE 通道从硬盘。

IDE Channel 1 Master：第二并行 IDE 端口主硬盘。

IDE Channel 1 Slave：第二并行 IDE 端口从硬盘。

Drive A、B：A、B 软盘驱动器类型。目前软驱已基本淘汰，如果没有安装软盘驱动器，应该设为 None。

Video：显示器类型。该项允许选择显示卡的类型，一般使用默认设置值 EGA/VGA 即可。

Halt On：出错暂停功能。该项可以决定在系统启动自检的过程中侦测到什么样的错误时，系统停止引导。可用选项：All Errors（BIOS 检测到任何错误，系统启动均暂停并且给出出错提示），No Errors（BIOS 检测到任何错误都不使系统启动暂停），All,But Keyboard（除键盘错误外，BIOS 检测到任何其他错误均暂停系统启动并且给出提示），All,But Disk/Key（除磁盘/键盘错误外，BIOS 检测到任何其他错误均暂停系统启动并且给出提示）。建议设置选项为 All,But Keyboard。

Base Memory：基本内存数量。

Extended Memory：扩展内存数量。

Total Memory：总共的内存数量。

（2）Advanced BIOS Features（高级 BIOS 功能设置）。这部分内容主要用来设置高级 BIOS 功能,可以改善系统的性能。

Virus Warning:病毒警告功能。此项功能可以开启保护 IDE 硬盘引导扇区的病毒警告功能。当本功能设定为激活时,当有程序尝试写入硬盘引导区时,BIOS 系统就会在屏幕上显示警告信息并发出蜂鸣警告声响。当安装新的操作系统时,应关闭此功能,以免因冲突而无法顺利安装。可用选项:Disabled(默认值),Enabled。

CPU L1 & L2 Cache:CPU 内置高速缓存。此选项用于启用或禁用 CPU 的一级和二级高速缓存,禁用会使系统速度减慢,建议保持默认值。可用选项:Enabled(默认值),Disabled。

Hard Disk Boot Priority:硬盘启动的优先级。此选项用于设定硬盘启动时的顺序。

Hyper Threading Technology:超线程技术。当使用含有超线程技术的 CPU 时,这个选项才会出现,并且允许启用或禁用此技术。可用选项:Enabled(默认值),Disabled。

Quick Power On Self Test:电源加电时快速自检。如果设定为启用(Enabled)时,BIOS 将会缩短开机自我测试的时间。

First/Second/Third Boot Device:第一/第二/第三启动设备。此选项用于设定系统引导时外部设备加载操作系统的优先级。

Boot Other Device:其他启动设备。此选项允许系统在以第一/第二/第三启动设备引导系统失败时尝试从其他设备引导。可用选项:Enabled(默认值),Disabled。

Security Option:安全选项。该选项可控制系统安全等级。可用选项:Setup(默认值,仅在进入 BIOS 时需要密码),System(开机时即会询问密码,如果密码不正确则无法继续)。

OS Select For DRAM > 64MB:系统内存容量大于 64MB 的操作系统选择。可用选项:Non-OS2(默认值),OS2。当系统内存容量大于 64MB,并使用 OS/2 操作系统时,请将此项设置为 OS2。建议保留默认值,因为绝大多数用户不用 OS/2 操作系统。

HDD S. M. A. R. T. Capability:硬盘自我监控分析功能。所谓的硬盘 S. M. A. R. T. 功能,其实就是硬盘的"自我监控分析并报告功能"(Self Monitoring Analysis and Reporting Technology)。支持 S. M. A. R. T. 技术的硬盘可以通过硬盘上的监测指令和主机上的监控软件对磁头、盘片、马达、电路的运行情况、历史记录及预设的安全值进行分析、比较。当出现安全值范围以外的情况时,就会自动向用户发出警告。现在的硬盘一般都支持此技术,建议设为 Enabled。

(3) Advanced Chipset Features(高级芯片组的功能设置)。这部分内容用来设置芯片组的功能,包括芯片组对内存模块的信号控制。该项设置内容较为复杂,系统预设值已经针对主板做了最优化设置,除非是有特殊目的,一般不建议对这部分内容做任何更改,若更改设置有误,将可能导致系统无法开机或死机。

(4) Integrated Peripherals(外围设备参数设置)。这部分内容用来设置主板集成的外围设备的启用或禁用。

OnChip IDE Device:主板集成的 IDE 参数设置。

IDE HDD Block Mode:IDE 硬盘数据块模式。

OnChip Serial ATA Setting:允许启用或禁用主板上的 SATA 功能。

Onboard LAN Device：主板集成的网络设备。该项用以启用或禁用主板集成的网络设备。

Onboard LAN Boot ROM：主板集成的网络设备引导模块。该项可以启用或禁用主板集成的网络设备引导模块,启用时可以实现网络无盘引导系统,如果使用本地设备引导系统时应禁用此项。

USB Host Controller：主板集成的 USB 控制器。此选项用来启用或禁用主板上的 USB 控制器。

USB 2.0：USB 2.0 功能。此选项用来启用或禁用主板上的 USB 控制器的 USB 2.0 功能。

Onboard FDC Controller：主板集成的软驱控制器。此选项用来启用或禁用主板上的软驱控制端口。通常为开启状态,否则无法使用软盘驱动器。

(5) Power Management Setup(电源管理功能设置)。这部分内容用来设置计算机电源管理功能,可有效地降低计算机系统电能的消耗。

Soft-Off by PWR-BTTN：机箱电源按键关机的模式。此选项用来选择机箱电源按钮的关机模式。可用选项：Delay 4 Sec(按 4 秒关机),Instant-Off(立即关机,默认值)。

Wake-Up by PCI Card：PCI 卡唤醒。选择 Enabled 时,若有任何事件发生于 PCI 卡,PCI 卡会发出 PME 信号使系统恢复至完全开机状态。

Power on By Ring：Modem 唤醒。此选项用来启用或禁用 Modem 唤醒的功能。

Resume by Alarm：定时开机设置。此选项用来启用或禁用定时开机功能。

(6) PnP/PCI Configurations(即插即用与 PCI 状态设置)。这部分内容用来设置即插即用设备和 PCI 设备的有关属性。

PNP OS Installed：是否安装了支持即插即用功能的操作系统。

PCI SlotX IRQ：为 PCI 设备分配指定的中断号,一般使用默认值 Auto 即可。

(7) PC Health Status(计算机健康状态)。这部分内容是对计算机健康状态进行监测,包括 CPU 的温度、电压、风扇转速,系统部分芯片的温度,还有电源的风扇转速等内容。

(8) Frequency/Voltage Control(频率/电压控制)。通过这部分内容的设置,可以调整 CPU 的电压、外频、倍频,实现 CPU 的超频。超频的效果一般不是很明显,反而影响系统的稳定性,建议使用系统默认值即可。

(9) Load Fail-Safe Defaults(加载故障安全默认值)。当系统安装后不太稳定,则可选用本功能。此时系统将会取消一些高效能的操作模式设定,而改为最保守状态设置。因此使用它可以方便地找到主板设置的安全值。

(10) Load Optimized Defaults(加载优化默认值)。这是系统出厂时默认的优化设置,此时系统会以最佳的模式运行。

(11) Set Password(管理员/一般用户口令设置)。输入 User Password 可以使用系统,但不能修改 CMOS 的内容。输入 Supervisor Password 可以使用系统,也可以修改 CMOS 的内容。Supervisor Password 是为了防止他人擅自修改 CMOS 的内容而设置的,提高了系统的安全性。

(12) Save & Exit Setup(保存并退出)。保存所做的修改，并退出 BIOS 设置程序。

(13) Exit Without Saving(不保存退出)。不保存所做的修改，退出 BIOS 设置程序。

2. 硬盘的分区与格式化

1) 分区的含义

分区是指在硬盘的物理存储空间上划分出来的单独存储区域，它又分为主分区和扩展分区两种。主分区可以存放操作系统的引导记录(在该分区的第一扇区)，也就是说要在硬盘上安装操作系统，该硬盘上就必须要有一个主分区。当一个硬盘上有多个主分区时，在任何时刻只能有一个主分区被指定为活动的，用来引导操作系统。扩展分区一般用来存放数据和程序，但它不能直接使用，还必须在扩展分区里划分出一个或多个逻辑驱动器。主分区默认就是一个逻辑驱动器。

在操作系统启动时，会为每个逻辑驱动器分配名称，即盘符。在 Windows 操作系统中，首先为所有的主分区分配盘符，然后依次为逻辑驱动器分配盘符。字母 A 和 B 留给软盘驱动器使用，所以硬盘的盘符一般从字母 C 开始分配。

一个硬盘可以分成 1~4 个分区，也就是说，如果没有扩展分区，最多可以有 4 个主分区；如果有一个扩展分区，最多只能有 3 个主分区，扩展分区一般只有一个。

2) 分区的格式

在 Windows 系统中，分区格式主要有 FAT16、FAT32、NTFS 等。它们各自具有不同的优缺点与兼容性，使用者应根据计算机的配置、硬盘的容量大小以及操作系统的种类来选用合适的文件系统。

FAT16 采用 16 位文件分配表，它具有极好的兼容性，DOS、Windows、Windows NT 的各种版本，以及其他各类操作系统都支持 FAT16。它最大的缺点就是单个分区支持的最大尺寸为 2GB，并且当分区尺寸越大时，存储空间的利用率越低。另外，还有不支持长文件名和安全性差等缺点，所以现在已经很少采用。

FAT32 采用 32 位文件分配表，最大的特点是使用了较小的簇，大大提高了硬盘空间利用率。单个硬盘的最大容量达到 2TB(1TB＝1 024GB)，它支持长文件名，但安全性仍然较差。

NTFS 即是 Windows NT 的文件系统，它的最大优点是安全性和稳定性好，全 32 位内核的 NTFS 为磁盘目录与文件提供安全设置，指定访问权限。NTFS 自动记录文件的变动操作，具有文件修复能力，系统不易崩溃，出现错误能迅速修复。NTFS 也是以簇为单位来存储数据文件，但在 NTFS 中簇的大小并不依赖于硬盘分区的大小，硬盘利用率更高。

3. 计算机的启动过程

开机后，系统首先要做的事情就是进行 POST(Power On Self Test，加电自检)，POST 的主要任务是检测系统中一些关键设备是否存在和能否正常工作。在 BIOS 开机自检通过后，根据 CMOS 设置的启动顺序找到硬盘，硬盘将磁头定位在物理扇 0 柱 0 面 1 扇区上，接着读取主引导记录(MBR)、硬盘分区表(HDPT)。根据硬盘分区表提供的数据寻找唯一的活动分区，读取该分区的引导记录，把控制权交给引导记录的引导程序，由引导程序完成操作系统的加载。

三、内容与步骤

任务 1 认识计算机硬件

【任务描述】

本任务主要学习微机的构造、组成部件及连接方法。

【方法与步骤】

（1）查看微机的组成设备，如主机、显示器、键盘、鼠标等，注意它们之间的连接方法、接口类型。

（2）打开主机的机箱，查看主机的内部结构，包括电源、主板、CPU、内存条、显卡、声卡、网卡、硬盘、软驱、光驱等设备，注意它们的位置及安装方法。

任务 2 CMOS 参数的设置

【任务描述】

CMOS 是计算机主板上的一块可读写的 RAM 芯片，可由主板的电池供电，即使系统掉电，信息也不会丢失。请设定某些参数值。

【方法与步骤】

（1）开启计算机电源，系统进行加电自检，如图 1.2 所示。

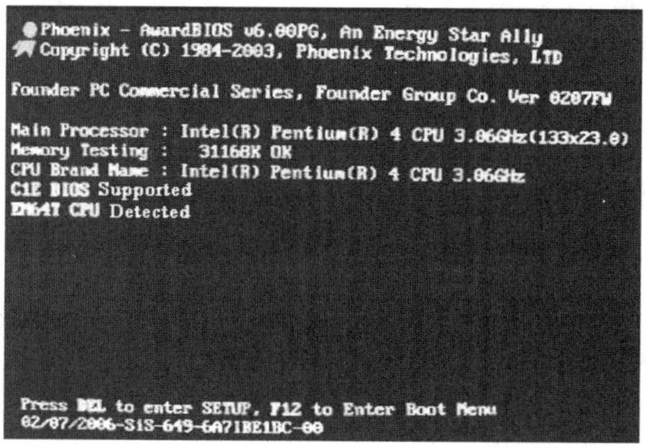

图 1.2 开机 BIOS 自检

系统自检程序将对主板、显卡、CPU、内存条、串并接口、硬盘、光驱、键盘、鼠标等许多设备进行检测，一旦在自检中发现问题，系统将给出提示信息或鸣笛警告。所以一定要注意查看屏幕提示，必要时可以按 Pause 键暂停自检过程，以便于查看。

（2）在系统执行自检时，按 Delete 键，进入 BIOS 设置程序。

（3）进入 CMOS 设置界面后，可以在屏幕上看到主菜单，通过键盘上的方向键移动光标，选择要查看或修改的选项，按 Enter 键进入该选项的子菜单，用＋、－、PageUP、

PageDown 键可以修改该选项的值,按 Esc 键可以返回上一级菜单。

(4) 查看各级菜单,熟悉每一个选项的作用。

任务3　硬盘分区和格式化

【任务描述】

对硬盘进行分区的方法很多,常用的方法是使用 DOS 或 Windows 自带的 fdisk.exe 程序来分区,也可以用 Windows 7 的安装盘进行分区。这里介绍的是 F32 Magic 中文版软件。F32 Magic 中文版是一个简单易用的快速分区及快速格式化工具软件。

【方法与步骤】

(1) 准备一张带有 F32 Magic 中文版程序的启动盘,可以是 U 盘或光盘。

(2) 在 BIOS 中调整系统引导顺序,以便用这张启动盘引导系统。

(3) 用这张启动盘启动系统后,在 DOS 提示符下输入"F32"并按 Enter 键,即可启动 F32 Magic 中文版。F32 Magic 2.0 主菜单如图 1.3 所示。

(4) 通过方向键移动光标选择第一项"硬盘分区",按 Enter 键进入"硬盘分区"对话框,如图 1.4 所示。

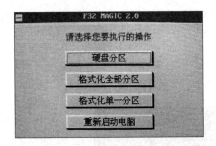
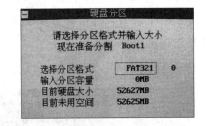

图 1.3　F32 Magic 2.0 主菜单　　　　　图 1.4　F32 Magic 2.0 硬盘分区

注意屏幕上方红色显示的 BootX 表示当前要操作的是第几个分区。

(5) "选择分区格式"有两个选项：FAT16 和 FAT32。可通过按 Page 键进行选择,一般选用后者,除非该分区的空间很小。

(6) 在"输入分区容量"处手动输入该分区的大小,以 MB 为单位。然后按 Enter 键进行下一分区的设置。

(7) 当所有硬盘空间都分完后,自动弹出确认对话框,如图 1.5 所示。

图 1.5　F32 Magic 2.0
硬盘分区确认

(8) 选择"是"按钮,按 Enter 键。这样就完成了硬盘的分区工作并返回主界面。

(9) 移动光标选择第二项"格式化全部分区",按 Enter 键,就对全部分区进行了格式化。

(10) 格式化结束后,又返回到主界面,选择第四项"重新启动电脑",按 Enter 键,计算机重新启动。

任务 4　操作系统及驱动程序的安装

【任务描述】

在光驱中放入操作系统安装盘,调整 BIOS 中系统的引导顺序,由光盘引导系统启动,系统将自动运行安装程序。操作系统安装成功后安装硬件的驱动程序。

【方法与步骤】

(1) 安装操作系统。现在的操作系统多数都带有安装向导,且为中文界面,所以安装起来非常方便,只需认真看屏幕提示输入必要的信息或选择所需选项,并单击"下一步"按钮,系统就会自行完成安装。

(2) 安装驱动程序。硬件和软件是分不开的,几乎所有的硬件都需要有相应的软件(也就是驱动程序)才能正常运行。

有些硬件安装完就能使用,是因为操作系统为它安装了早已准备好的驱动程序,如键盘、鼠标等设备。

操作系统检测到设备但是不能正确使用时,会在"资源管理器"中以"?"形式标出,这时需要手动安装该设备的驱动程序。通常在购买接口卡及外部设备(如主板、显卡、声卡、打印机、扫描仪等)时,厂家都会配备相应的驱动程序,一般只需运行驱动程序的安装程序,该程序就能够自动查找硬件设备,安装驱动程序,设置参数,这样该设备就可以正常使用了。

有些接口卡或外设不支持"即插即用",安装后系统检测不到该设备的存在,这时就需要打开"控制面板"窗口中的"添加新硬件",然后按照提示选择设备类型、驱动程序位置等进行手动安装,有时还要正确设置端口参数才能正常使用。不过这样的设备现在已经很少见到了。

四、实验总结

(1) 在打开主机箱,查看内部设备时,必须要切断电源。一定不要带电安装或拆卸主机箱内部的设备。

(2) 不同主板的 BIOS 设置内容也不完全相同,有条件的同学可以多熟悉几种不同的 BIOS 设置。

(3) 流行的操作系统软件也有很多种,如 Windows 系列、Linux 系列,并且都在不断升级更新。有条件的同学可以再练习安装其他操作系统。

第2章

Windows 7 操作系统

实验 1 Windows 7 文件管理

一、实验目的

(1) 掌握文件分类的基本原则。

(2) 熟练掌握文件和文件夹的基本操作。

(3) 掌握利用"库"对文件进行高效管理的方法。

(4) 掌握文件或文件夹的快捷方式的使用。

二、实验内容与步骤

文件管理是操作系统最典型也是应用最多的操作,对存储在计算机中的文件分类管理是一个良好的习惯。本实验以一个计算机文件分类管理方案为例,按此方案创建文件夹,把计算机中已有文件分类存放。

任务 1 计算机文件分类管理

【任务描述】

本任务通过案例学习 Windows 7 资源管理器的使用方法,进而掌握对磁盘中的文件或文件夹进行分类和管理的方法。

一般计算机硬盘都是分成 3 个分区,对应 3 张逻辑盘,盘符分别为 C、D、E。一般 C 盘作为系统盘,其他磁盘依据磁盘容量的大小分别作为软件安装盘、备份盘。在每个盘中,顶层文件夹可以按里面存储的文件的用途进行分类,对于二级子文件夹的分类可以按里面存储的文件的内容、文件类型、文件创建日期等进行分类,以此类推。

【任务实现】

1. 创建文件夹

按照文件分类的基本原则和使用习惯,利用 Windows 7 资源管理器为 E 盘创建如图 2.1 所示的目录结构。

具体操作步骤如下。

(1) 单击任务栏上的"Windows 资源管理器"图标 ,打开"Windows 资源管理器"窗口。

(2) 单击导航窗格中"计算机"项目下的 E 盘,在右边工作区中显示 E 盘根目录下的所有文件和文件夹。

(3) 在工作区的空白区域右击,在弹出的快捷菜单中选择"新建"命令,然后选择"文件夹"选项。

这时在工作区中会出现一个名为"新建文件夹"的文件夹,且该名字处于等待编辑状态。

图 2.1　E 盘目录结构

输入新文件夹名"备份",按 Enter 键确认生效。

(4) 重复步骤(3),创建其他文件夹:驱动、学习资料、软件。

(5) 双击新创建的"学习资料"文件夹图标,打开"学习资料"文件夹。按照步骤(3)中创建文件夹的方法,创建"大一第 1 学期"和"大一第 2 学期"两个文件夹。

(6) 双击新创建的"大一第 1 学期"文件夹图标,打开"大一第 1 学期"文件夹。按照步骤(3)中创建文件夹的方法,创建"大学英语"和"大学计算机基础"两个文件夹。

(7) 双击新创建的"大学计算机基础"文件夹图标,打开"大学计算机基础"文件夹。按照步骤(3)中创建文件夹的方法,创建"课件""上机素材"和"作业"3 个文件夹。

2. 文件分类存放

(1) 把从网上下载的搜狗拼音的安装程序放到"E:\软件"文件夹下。

具体操作步骤如下。

① 在"Windows 资源管理器"中,找到下载的搜狗拼音的安装程序,在安装程序图标上右击,在弹出的快捷菜单中选择"剪切"命令。

② 打开"E:\软件"文件夹,在工作区的空白区域右击,在弹出的快捷菜单中选择"粘贴"命令。

(2) 在"Windows 7 资源管理器"的导航窗格中,展开"E:\学习资料"文件夹及其所有子文件夹,用 Windows 自带的"截图工具"把"E:\学习资料"文件夹的目录层次结构截取下来,放到"E:\学习资料\大一第 1 学期\大学计算机基础\作业"文件夹下,图片文件名为"学习资料目录层次结构图.png"。

具体操作步骤如下。

① 在"Windows 7 资源管理器"的导航窗格中,依次双击 E 盘、学习资料、大一第 1 学期、大学计算机基础,展开"E:\学习资料"文件夹及其所有子文件夹。

② 单击"开始"菜单中的"所有程序",在展开的级联菜单"附件"中选择"截图工具"命令,打开"截图工具",这时按住鼠标左键并拖动就可以截图了。

③ 在导航窗格显示"E:\学习资料"文件夹及其所有子文件夹的区域的左上角按住鼠标左键，向右向下拖动鼠标，此时出现一个红色的矩形框，拖动范围覆盖的区域都会被截取。拖动鼠标直至显示"E:\学习资料"文件夹及其所有子文件夹的区域都出现在红色矩形框内，放开鼠标左键。截图自动出现在"截图工具"窗口中，如图2.2所示。

图2.2 "截图工具"窗口

④ 单击"截图工具"窗口工具栏上的"保存"按钮，弹出"另存为"对话框，如图2.3所示。选择图片存放位置为"E:\学习资料\大一第1学期\大学计算机基础\作业"，并在"文件名"文本框中输入"学习资料目录层次结构图.png"，单击"保存"按钮。

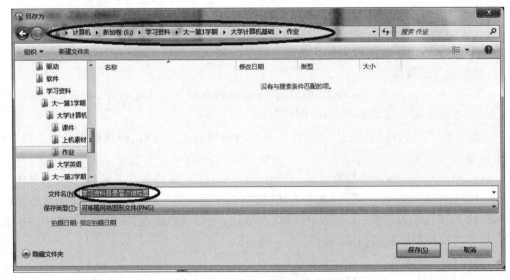

图2.3 "另存为"对话框

⑤ 单击"截图工具"窗口右上角的"关闭"按钮，关闭"截图工具"窗口。

任务 2　文件高级管理

【任务描述】

本任务通过案例掌握文件或文件夹的高级管理方法。

【任务实现】

1. 创建文件夹快捷方式

为"E:\学习资料\大一第 1 学期\大学英语精读"文件夹在桌面上创建一个快捷方式。

方法为：在"大学英语精读"文件夹图标上右击，把光标移到弹出的快捷菜单的"发送到"选项，在弹出的级联菜单中单击"桌面快捷方式"选项。

2. 文件夹的"库"式管理

（1）在 E 盘根目录下创建一个名为"电影"的文件夹，将"E:\电影"文件夹添加到 Windows 7 的视频库中。

方法为：在"电影"文件夹图标上右击，从弹出的快捷菜单的"包含到库中"的级联菜单中单击要包含到的库名。

或者单击"电影"文件夹图标，选中该文件夹，然后单击工具栏上的"包含到库中"按钮 包含到库中▼ ，在弹出的列表中单击要包含到的库名。

（2）在 E 盘根目录下创建一个名为"日常管理"的文件夹，然后再创建一个名为"日常管理"的新库，并把"E:\日常管理"文件夹添加到此库中。

具体操作步骤如下。

在"库"项目上单击，再单击工具栏上的"新建库"按钮 新建库 ，输入库名"日常管理"。

找到"日常管理"文件夹，单击选中该文件夹，然后单击工具栏上的"包含到库中"按钮，在弹出的列表中单击"日常管理"库名。

实验 2　个性化定制操作系统环境

一、实验目的

（1）掌握桌面个性化的设置方法。

（2）掌握显示个性化的设置方法。

（3）掌握鼠标和键盘个性化的设置方法。

（4）掌握用户账户的创建和删除，以及用户账户信息的修改方法。

二、实验内容与步骤

Windows 7 不仅具有强大的功能、绚丽的桌面，还提供一个定制个性化工作环境的平台。本实验引导计算机用户根据自己的喜好以及个人习惯,个性化定制一套独具个人魅力的 Windows 7 工作环境。

任务 1   桌面设置

【任务描述】

对追求个性化的用户来说,通过更改系统的主题、桌面背景、窗口颜色、声音、屏幕保护程序等,可以为自己定制一个与众不同、独具个人特色的系统桌面。

【任务实现】

1. Aero 桌面设置

Aero 是 Windows 7 的一种系统桌面显示效果,其特点是透明的玻璃图案带有精致的窗口动画和新窗口颜色,具有强烈的视觉冲击力。

(1) 在桌面空白处右击,从弹出的快捷菜单中选择“个性化”,打开“个性化”窗口,如图 2.4 所示。

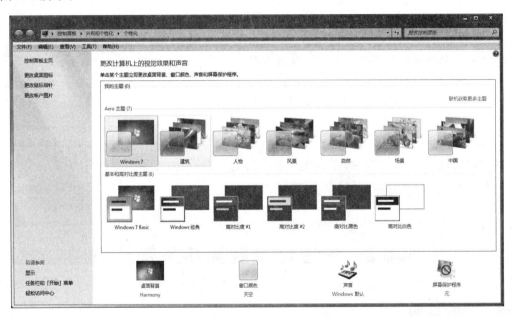

图 2.4   “个性化”窗口

由图 2.4 所示可知,主题是计算机上的图片、颜色和声音的组合,它包括桌面背景、窗口边框颜色、声音方案和屏幕保护程序。某些主题也可能包括桌面图标和鼠标指针。

Windows 提供了多个主题,其中,Aero 主题 7 个,基本和高对比度主题 6 个。计算机用户可以选择 Aero 主题使计算机个性化;如果计算机运行缓慢,可以选择 Windows 7 基本主题;如果希望屏幕更易于查看,可以选择高对比度主题。

(2) 选择自己喜欢和需要的主题并单击,系统立即更改桌面背景、窗口颜色、声音和屏幕保护程序。如图 2.5 所示为在 Aero 主题列表中单击“中国”后的桌面。

图 2.5 "中国"Aero 主题桌面

2. 更改桌面背景

选定某个主题后,如果计算机用户不喜欢主题中的背景图片,可以将计算机中自己喜欢的图片设置为背景,还可以将多张图片设置为背景以创建一个幻灯片,并设置图片的显示位置、更改图片的时间间隔和播放顺序。

具体操作步骤如下。

(1) 打开"个性化"窗口,单击窗口下方的"桌面背景"链接,打开"选择桌面背景"页,如图 2.6 所示。

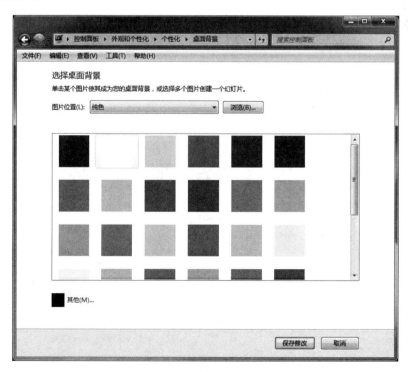

图 2.6 选择桌面背景

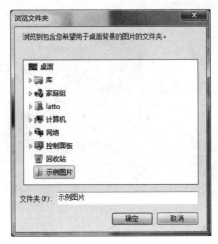

（2）单击"图片位置"右侧的"浏览"按钮，弹出"浏览文件夹"对话框，如图 2.7 所示。

图 2.7 "浏览文件夹"对话框

（3）在文件夹列表中单击要用于桌面背景的文件夹，然后单击"确定"按钮，返回"选择桌面背景"页。

（4）选择要显示的图片文件夹存储位置，设置图片的显示位置为"填充"，更改图片的时间间隔为"30 分钟"，播放顺序为"无序播放"，如图 2.8 所示。

图 2.8 设置桌面背景

（5）单击"保持修改"按钮，设置生效。如图 2.9 所示为设置后的桌面效果，并且桌面背景会按设置的时间自动进行更换。

图 2.9　自定义桌面背景图片

3. 自定义桌面图标

除了更改桌面背景，用户还可以更改桌面图标的外观样式，从而使自己的桌面更加个性化。具体操作步骤如下。

（1）打开"个性化"窗口，单击左窗格中的"更改桌面图标"链接，打开"桌面图标设置"对话框，如图 2.10 所示。

图 2.10　"桌面图标设置"对话框

（2）选择要更改的桌面图标（如"计算机"），然后单击"更改图标"按钮，弹出"更改图标"对话框,如图 2.11 所示。

(3)选择自己喜欢的图标样式,然后单击"确定"按钮,返回"桌面图标设置"对话框。

(4)返回"桌面图标设置"对话框中,单击"确定"按钮,即可应用所做的更改。

此时,可以看到桌面上的"计算机"图标的样式已经改变。

4. 更改窗口显示外观

更改桌面主题后,系统窗口的边框颜色也会随之变化,如果用户需要调整窗口的边框颜色及其透明度,可按如下步骤操作。

(1)打开"个性化"窗口,单击窗口下方的"窗口颜色"链接,打开"窗口颜色和外观"窗口,如图 2.12 所示。

图 2.11 "更改图标"对话框

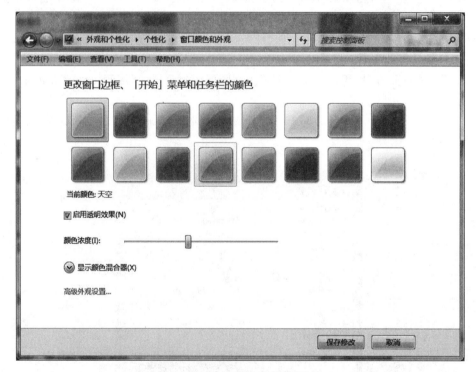

图 2.12 "窗口颜色和外观"窗口

(2)单击选中一种窗口颜色,拖动下方的滑块自定义窗口颜色的透明度。

(3)单击"保存修改"按钮。

5. 定制屏幕保护程序

屏幕保护程序是为了保护显示器而专门设计的一种程序,以防止计算机因无人操作而使显示器长时间显示同一个画面,导致显示器老化、缩短寿命。另外,Windows 系统提供的屏幕保护程序一般都比较暗,可以大幅度降低屏幕亮度。

定制屏幕保护程序的具体步骤如下。

(1)打开"个性化"窗口,单击窗口下方的"屏幕保护程序"链接,弹出"屏幕保护程序设置"对话框。

(2)在"屏幕保护程序"栏的组合框上单击,从弹出的下拉列表框中选择一项(如"彩带"),设置希望启动屏幕保护程序的时间,选中"在恢复时显示登录屏幕"复选框,如图 2.13 所示。

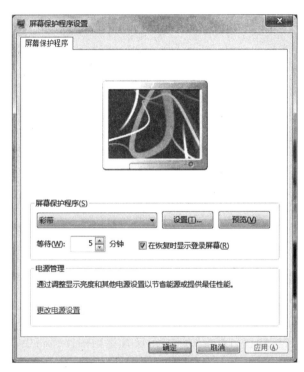

图 2.13　"屏幕保护程序设置"对话框

(3)依次单击"应用"和"确定"按钮。

屏幕保护程序设置完毕后,当用户在设定时间内不对计算机进行任何操作时,系统就会自动进入屏幕保护程序。若选中"在恢复时显示登录屏幕"复选框,则可以实现通过提供系统登录密码保护来增强计算机安全性的目的。

6. 保存自定义桌面主题

当用户对桌面背景、窗口颜色以及外观等进行更改后,修改后的主题将作为未保存主题出现在"我的主题"下,如图 2.14 所示。如果用户下一次再对这些设置进行更改,那么该主题会随着用户之后的设置而被替换,所以当用户自定义完桌面主题后,需要保存属于自己的桌面主题。具体操作步骤如下。

(1)打开如图 2.14 所示的"个性化"窗口。

(2)选中需要保存自定义主题的缩略图,单击"保存主题"链接。

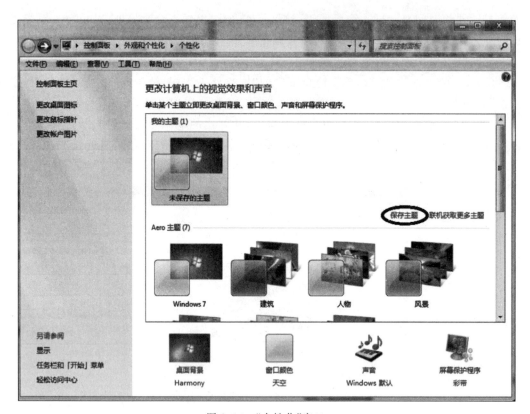

图 2.14 "个性化"窗口

（3）弹出"将主题另存为"对话框，输入要保存的主题名称，单击"保存"按钮。此时该主题就会出现在"我的主题"下。

如果想要共享某个主题，可以右击自定义主题缩略图，弹出快捷菜单，选择"保存主题用于共享"项，弹出"将主题包另存为"对话框，设置主题的保存路径，输入主题名称，单击"保存"按钮。

7. 更改显示器的分辨率和刷新率

显示器的分辨率是指屏幕上水平方向和垂直方向每条线上的像素点数，分辨率越高，屏幕中的像素点越多，所显示的图像就越细腻。Windows 7 中，在显卡和显示器驱动程序都安装正确的情况下，无须对分辨率和刷新率进行调节。

如果要检查或手动更改当前屏幕的分辨率，可采用以下方法进行操作。

（1）在桌面空白处右击，在弹出的快捷菜单中单击"屏幕分辨率"项，打开"屏幕分辨率"窗口。单击"分辨率"组合框，出现分辨率调节滑杆，如图 2.15 所示。

在显卡和显示器驱动程序都正确安装的情况下，列表中的黑色加粗字体就是显示器的正确比例分辨率，位于滑杆顶部的则是屏幕的最佳分辨率。

（2）如要调节分辨率，可拖动滑块选择合适的分辨率，单击"确定"按钮。

刷新率，即屏幕刷新频率。CRT 传统显示器在刷新频率设置太低时，会感觉到显示器在闪烁。闪烁的显示器会导致眼睛疲劳和头痛。可以通过加大屏幕刷新频率来降低或

图 2.15 "屏幕分辨率"窗口

消除闪烁。通常刷新频率为 75Hz 以上产生的闪烁较少。LCD 液晶显示器不会出现闪烁，因此不需要为其设置较高的刷新频率。

如果要检查或手动更改当前屏幕的刷新率，可采用以下方法进行操作。

（1）在如图 2.15 所示的"屏幕分辨率"窗口中，单击"高级设置"链接，弹出"显卡和显示器属性"对话框，如图 2.16 所示。

图 2.16 "显卡和显示器属性"对话框

（2）打开"监视器"选项卡，然后在"屏幕刷新频率"下单击所需的屏幕刷新频率。监视器将花费一小段时间进行调整。如果要保留更改，则单击"应用"按钮。如果在 15 秒之内没有应用更改，则刷新频率将返回到原始设置。

8. 设置屏幕显示文本大小

如何在保持屏幕分辨率设置正确的情况下，增加或减小屏幕上文本和其他项目的大小，以方便用户查看？具体操作步骤如下。

（1）打开如图 2.17 所示的"个性化"窗口。

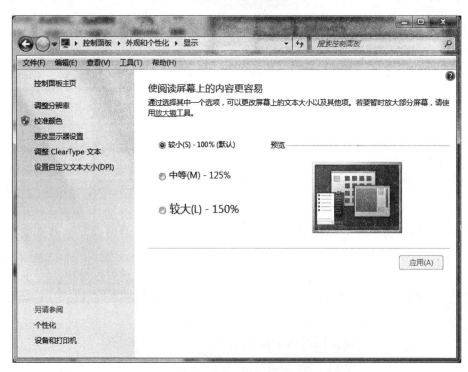

图 2.17　"显示"窗口

（2）单击窗口左侧栏中的"显示"链接，打开"显示"窗口，如图 2.17 所示。

（3）单击要使用文本比例选项前面的单选钮，然后单击"应用"按钮，弹出提示对话框。

（4）若要查看更改请关闭所有程序，然后注销 Windows，该更改将在下次登录时生效。

9. "开始"菜单的个性化

Windows 7 的"开始"菜单采用了全新的设计，用户可以在"开始"菜单中快速地找到要执行的程序，完成相应的操作。为了使"开始"菜单更加符合自己的使用习惯，用户可以对其属性进行相应的设置。设置"开始"菜单属性的具体操作步骤如下。

（1）在"开始"按钮上右击，从弹出的快捷菜单中单击"属性"，弹出"任务栏和「开始」菜单属性"对话框，选择"「开始」菜单"选项卡，如图 2.18 所示。

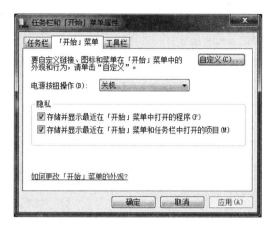

图 2.18　"「开始」菜单"选项卡

（2）"电源按钮操作"下拉列表中列出了 6 项按钮操作选项（切换用户、注销、锁定、重新启动、睡眠、关机），用户可以选择其中的一项，更改"开始"菜单中的"关闭选项"按钮区显示的按钮。

（3）单击右上角的"自定义"按钮，弹出"自定义「开始」菜单"对话框，如图 2.19 所示。

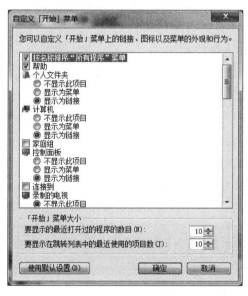

图 2.19　"自定义「开始」菜单"对话框

（4）在"您可以自定义「开始」菜单上的链接、图标以及菜单的外观和行为"列表框中设置"开始"菜单中各个选项的属性。

（5）在"要显示的最近打开过的程序的数目"微调框中设置最近打开程序的数目。在"要显示在跳转列表中的最近使用的项目数"微调框中设置最近使用的项目数。

（6）设置完毕后，单击"确定"按钮，返回"任务栏和「开始」菜单属性"对话框，然后依次单击"应用"按钮和"确定"按钮即可。

打开"开始"菜单,就可以看到设置结果。

10. 任务栏的个性化

1) 程序图标区个性化设置

用户可以自定义任务栏程序图标区显示的方式,按照前面介绍的方法打开"任务栏和「开始」菜单属性"对话框,选择"任务栏"选项卡,如图 2.20 所示。在"任务栏按钮"下拉列表中列出了按钮显示的 3 种方式,分别为"始终合并、隐藏标签""当任务栏被占满时合并"和"从不合并"。若要使用小图标显示,则勾选"使用小图标"复选框即可。

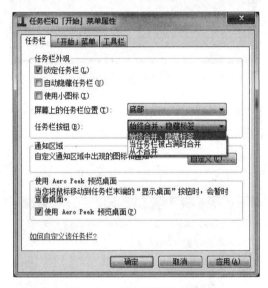

图 2.20 "任务栏"选项卡

用户可以根据自己的喜好重新排列程序图标,使其按自己喜欢的顺序显示。方法很简单,按住鼠标拖动图标即可。

Windows 7 也为任务栏引入了"跳转列表"。在任务栏中的任何一个程序图标上右击,都会弹出一个"跳转列表",如图 2.21 所示为在"画图"程序图标上右击弹出的"跳转列

图 2.21 任务栏中的"跳转列表"

表",最近通过这个程序打开的所有文件在"跳转列表"中全部显示出来。通过该"跳转列表",用户可以快速地打开要操作的"画图"文件;还可以选择"将此程序锁定到任务栏"列表项,将"画图"程序锁定到任务栏上,以方便访问。

用户也可以根据需要通过拖曳的方式重新排列任务栏上的这些图标。

2)自定义通知区域

用户可以根据自己的需要自定义通知区域中可见的图标及其相应的通知的显示方式。

具体操作步骤如下。

(1)按照前面介绍的方法打开"任务栏和「开始」菜单属性"对话框,选择"任务栏"选项卡,如图 2.20 所示。

(2)单击"通知区域"选项域中的"自定义"按钮,弹出"通知区域图标"窗口,如图2.22所示。在该窗口中列出了通知区域中的各个图标的显示方式。每种图标都有显示图标和通知、隐藏图标和通知以及仅显示通知 3 种显示方式。用户可以根据自己的需要进行选择。

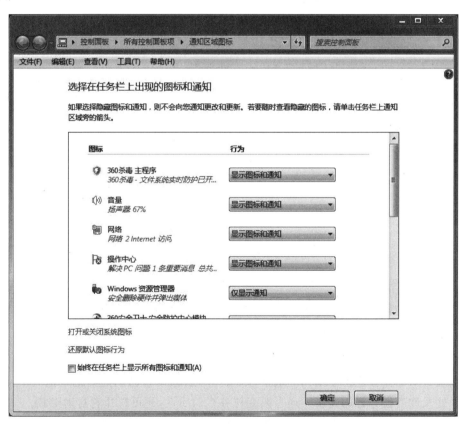

图 2.22 "通知区域图标"窗口

(3)设置完毕后,单击"确定"按钮,返回"任务栏和「开始」菜单属性"对话框,然后依次单击"应用"按钮和"确定"按钮即可。

返回任务栏,可以看到设置结果。

对于设置为隐藏的图标,用户若要随时查看,可以单击任务栏中通知区域旁的"显示隐藏的图标"按钮 ，在弹出的快捷菜单中会显示隐藏的图标,单击其中的"自定义",即可弹出如图2.22所示的"通知区域图标"窗口,用户可以进行图标显示方式的重新设置。

对于通知区域系统图标的显示方式的设置,可以单击图2.22中的"打开或关闭系统图标"链接,弹出"打开或关闭系统图标"窗口,如图2.23所示。在窗口中间的列表框有5个系统图标(时钟、音量、网络、电源、操作中心)的设置行为。单击"操作中心"下拉列表选择"关闭"选项,即可将"操作中心"图标从任务栏的通知区域中删除并关闭通知。若想还原图标行为,单击窗口左下角的"还原默认图标行为"链接即可。

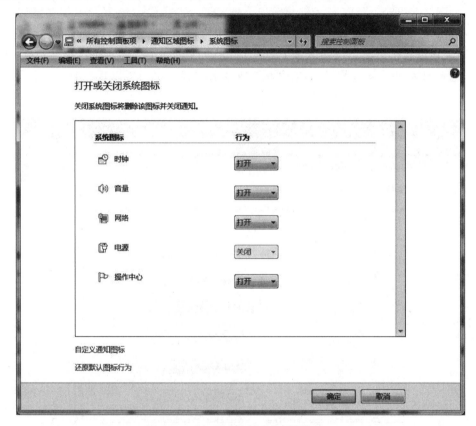

图2.23 "打开或关闭系统图标"窗口

3) 调整任务栏位置

系统默认的任务栏位于桌面的最下方,用户可以根据自己的需要把它拖到桌面的任何边缘处及改变任务栏的宽度。通过改变任务栏的属性,还可以让它自动隐藏。

当任务栏位于桌面的下方妨碍了用户的操作时,可以把任务栏拖动到桌面的任意边缘(底部、左侧、右侧、顶部)。具体操作步骤如下。

(1) 在任务栏的空白区域右击,从弹出的快捷菜单中单击"锁定任务栏"按钮。

调整任务栏位置的前提是,任务栏必须处于非锁定状态。当"锁定任务栏"菜单项下

面有一个 ✓ 锁定任务栏(L) 时,说明此时的任务栏处于锁定状态。此时需要执行步骤(1),解除任务栏的锁定状态。

(2)在任务栏上的空白区域按住鼠标左键拖动,到所需要边缘后释放鼠标左键即可。

此外,用户还可以通过在"任务栏和「开始」菜单属性"对话框中进行设置来调整,具体操作步骤如下。

(1)在任务栏上的非按钮区域右击鼠标,在弹出的快捷菜单中单击"属性"命令,即可打开"任务栏和「开始」菜单属性"对话框,选择"任务栏"选项卡。

(2)从"屏幕上的任务栏位置"下拉列表中选择任务栏需要放置的位置,然后依次单击"应用"按钮和"确定"按钮即可。

4)调整任务栏大小

用户打开的窗口比较多而且都处于最小化状态时,在任务栏上显示的按钮就会变得很小,用户观察会很不方便,这时,可以改变任务栏的大小来显示所有的按钮。注意,此操作同样需要在任务栏处于非锁定状态时进行。把鼠标指针放在任务栏的上边缘,当出现双箭头指示时,按住鼠标左键拖动到合适位置再松开手,任务栏中即可显示所有的按钮,如图2.24所示。若想将任务栏恢复为原来的大小,只要按照上面的方法再次通过鼠标拖动即可。

图2.24 改变后的任务栏

任务栏中的各组成部分所占比例也是可以调节的,当任务栏处于非锁定状态时,各区域的分界处将出现两竖排凹陷的小点,把鼠标指针放在上面,出现双向箭头后,按住鼠标左键并拖动即可改变各区域的大小。

任务2 输入法设置

【任务描述】

Windows 7提供了多种输入法,但并没有全部显示在输入法列表中,用户可以根据自己的需要和使用习惯添加、删除系统自带输入法。如果系统自带输入法不能满足用户实际需求,可选择安装第三方输入法,如搜狗拼音输入法。

【任务实现】

1. 添加系统自带输入法

(1)右击语言栏的输入法图标 ⌨,在弹出的列表中单击"设置"命令,弹出"文本服务和输入语言"对话框,如图2.25所示。

(2)单击"添加"按钮,弹出"添加输入语言"对话框。

(3)选中要添加的输入法前面的复选框,单击"确定"按钮。

添加完毕,在输入法列表中即可看到所添加的输入法。

图 2.25 "文本服务和输入语言"对话框

2．删除输入法

对于不经常使用的输入法，可以将其从输入法列表中删除，从而提高输入法的切换速度。与安装输入法相比，删除输入法要简单得多。方法为：在图 2.25 的"已安装的服务"列表中，单击选中要删除的输入法，再单击右边的"删除"按钮。在图 2.25 的"默认输入语言"栏，可设置默认输入法，可以将经常使用的输入法设置为默认输入法，避免每次输入文字时都要切换输入法。

任务 3　鼠标和键盘设置

【任务描述】

本任务练习鼠标和键盘的设置。

【任务实现】

1．更改鼠标设置

计算机用户可以更改鼠标设置以适应个人喜好。例如，可更改指针的外观，或更改鼠标指针在屏幕上移动的速度。如果用户惯用左手，则可将主要按键切换到右键。

方法为：打开"个性化"窗口，单击窗口左侧栏中的"更改鼠标指针"链接，弹出"鼠标属性"对话框，如图 2.26 所示。

若要更改鼠标指针外观，请在如图 2.26 所示的"指针"选项卡中，执行以下操作之一：

（1）若要为所有指针提供新的外观，可单击"方案"下拉列表，然后单击新的鼠标指针方案。

（2）若要更改单个指针，请在"自定义"下单击列表中要更改的指针，单击"浏览"按钮，单击计算机用户要使用的指针，然后单击"打开"按钮。

图 2.26　"鼠标属性"对话框

（3）若要更改鼠标指针工作方式，请单击如图 2.26 所示的"指针选项"选项卡标签。

（4）若要更改鼠标按键工作方式，请单击如图 2.26 所示的"鼠标键"选项卡标签。

（5）若要更改鼠标滑轮工作方式，请单击如图 2.26 所示的"滑轮"选项卡标签。

2．更改键盘设置

自定义键盘设置可帮助计算机用户更好、更高效地工作。通过自定义设置，可以确定在键盘字符开始重复之前必须按住键的时间长度、键盘字符重复的速度以及光标闪烁的频率。具体操作步骤如下。

（1）单击"开始"按钮，选择"控制面板"，打开"控制面板"窗口。

（2）单击"类别"按钮，在弹出的快捷菜单中选择"大图标"或"小图标"项，更改查看方式，打开的"所有控制面板项"窗口如图 2.27 所示。

（3）单击"键盘"选项，打开"键盘属性"对话框，如图 2.28 所示。

（4）设置按键的时间长度、键盘字符重复的速度以及光标闪烁的速度。

（5）设置完毕，单击"确定"按钮。

任务 4　系统时间设置

【任务描述】

本任务学习系统时间的设置。

【任务实现】

1．设置计算机日期和时间

计算机日期和时间用于记录创建或修改计算机中文件的日期和时间。该时间同时显示在任务栏通知区域，方便用户查看。计算机用户可以根据需要重新设置。具体操作步骤如下。

图 2.27 "所有控制面板项"窗口

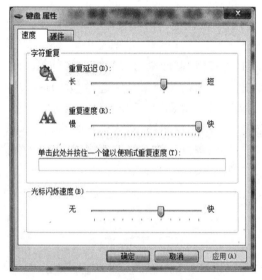

图 2.28 "键盘属性"对话框

　　(1) 单击任务栏通知区域上的时间信息,在弹出的日期和时间框中单击"更改日期和时间设置"链接,打开"日期和时间"对话框,如图 2.29 所示。

　　(2) 单击"更改日期和时间"按钮,打开"日期和时间设置"对话框,如图 2.30 所示。

图 2.29　"日期和时间"对话框

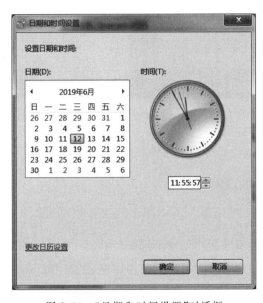

图 2.30　"日期和时间设置"对话框

（3）双击"日期"框中的年月，配合左右两边的箭头，可修改日期的年月，通过日历选择日。通过"时间"数值框设置时间，分别选中时间的时、分、秒，再单击右端的上下箭头调整其值；还可以通过键盘修改其值。

（4）设置完毕，单击"确定"按钮。

2. 附加时钟

通过附加时钟,让计算机同时显示一个或两个其他时区的时间。具体操作步骤如下。

(1) 在如图 2.29 所示"日期和时间"对话框中,打开"附加时钟"选项卡。

(2) 选中"显示此时钟"复选框。从"选择时区"下拉列表中选择一个时区。在"输入显示名称"文本框中输入该时钟的名称,如图 2.31 所示。

图 2.31　设置附加时钟

(3) 按照相同的方法设置另一个时钟。单击"确定"按钮。

任务 5　用户账户的设置及管理

【任务描述】

出于安全性考虑,为不同用户创建不同账号共用一台计算机,每个用户都可以定制自己的操作系统环境,使用会更符合用户的使用习惯,更加得心应手。

【任务实现】

1. 创建用户账户

具体操作步骤如下。

(1) 单击"开始"按钮 ,在打开的"开始"菜单中单击顶部的用户头像图标,打开"用户账户"窗口,如图 2.32 所示。

(2) 单击"管理其他账户"链接,打开"管理账户"窗口,如图 2.33 所示。

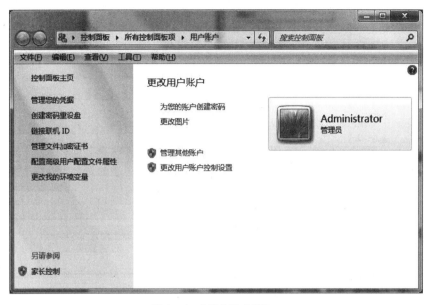

图 2.32　"用户账户"窗口

图 2.33　"管理账户"窗口

（3）单击"创建一个新账户"链接，打开"创建新账户"窗口，如图 2.34 所示。

（4）在"新账户名"文本框中输入用户名称"teamleader"，然后单击"管理员"单选按钮。

（5）单击窗口底部的"创建账户"按钮即可成功创建账户。

【任务描述】

具有管理权限的用户一般需要设置账户登录密码，通过身份验证后才具备对应的权限使用操作系统。

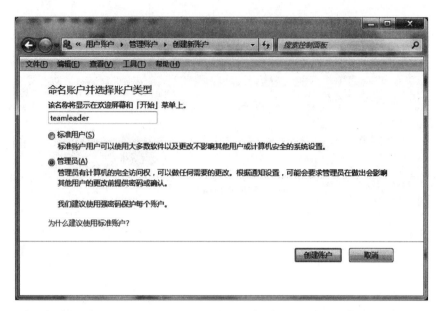

图 2.34 "创建新账户"窗口

【任务实现】

2. 设置用户登录密码

（1）在如图 2.33 所示的"管理账户"窗口中，单击 teamleader 账户，打开"更改账户"窗口，如图 2.35 所示。

图 2.35 "更改账户"窗口

（2）单击"创建密码"链接，打开"创建密码"窗口，如图 2.36 所示。

在"新密码"文本框中输入密码，在"确认新密码"文本框中再次输入密码，然后单击"创建密码"按钮。即可成功创建用户账户登录密码。创建登录密码后的"更改账户"窗口如图 2.37 所示。

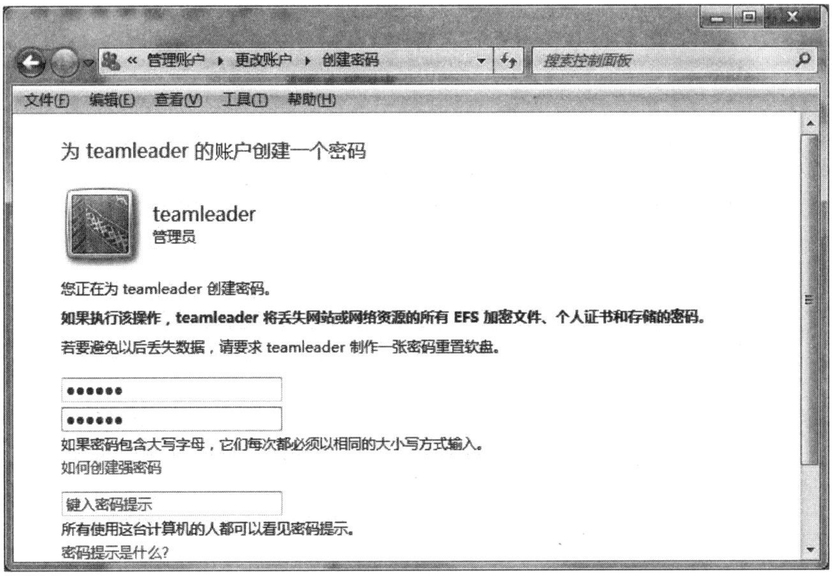

图 2.36 "创建密码"窗口

图 2.37 "更改账户"窗口

在如图 2.37 所示的"更改账户"窗口的左侧,提供有"更改账户名称""更改密码""删除密码""更改图片""更改账户类型""删除账户"等链接,通过这些链接,可以对 teamleader 账户的相应账户信息进行修改。

3. 更改账户图标

(1) 单击"更改图片"链接,弹出"选择图片"窗口,如图 2.38 所示。

(2) 从系统提供的账户图片中选择合适的图片,然后单击"更改图片"按钮。当然,如果系统提供的这些账户图片都不合适,可以单击"浏览更多图片"链接,打开图片浏览对话框。找到自己事先准备好的图片文件,然后单击"打开"按钮。

图 2.38 "选择图片"窗口

（3）经过上面的操作后，在"管理账户"窗口中即可查看到更改后的账户图标。

第3章 Word 2010文字处理

实验1 Word 2010文字处理的基本操作

一、实验目的

(1) 掌握 Word 文档的启动与退出。
(2) 熟悉 Word 的工作界面。
(3) 掌握文档的新建、打开和保存。
(4) 掌握文本、符号和时间的输入。
(5) 掌握文档的加密。

二、实验内容与步骤

【任务描述】

利用 Word 2010 来制作爱心超市促销活动的通告,需要创建新文档,输入正文内容,对文档内容进行简单的格式设置,对文档进行字数统计、密码设置,最后保存和关闭该文档。文档内容最终效果如图 3.1 所示。

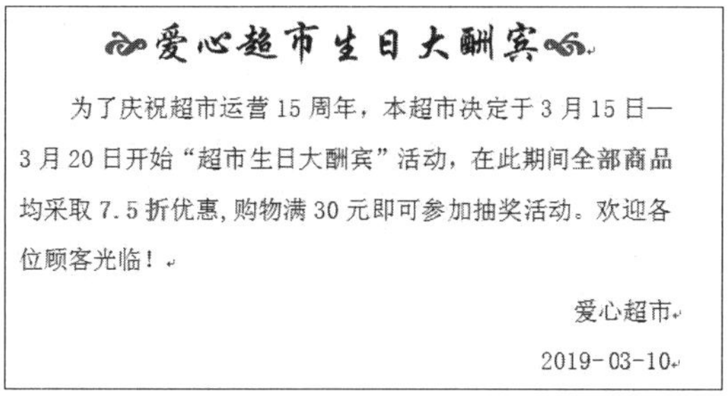
爱心超市生日大酬宾

为了庆祝超市运营 15 周年,本超市决定于 3 月 15 日—3 月 20 日开始“超市生日大酬宾”活动,在此期间全部商品均采取 7.5 折优惠,购物满 30 元即可参加抽奖活动。欢迎各位顾客光临!

爱心超市

2019-03-10

图 3.1 文档内容最终效果

【任务实现】

1. 创建新文档

创建新文档,将该文件保存在"D:\my_words"目录中,文件主名为"超市通告"。

(1) 双击桌面上的 Word 快捷图标,或者选择"开始"菜单中的"所有程序"打开子菜单,单击 Microsoft Office 打开应用程序列表,选择 Microsoft Word 2010,启动 Word 2010。

(2) 单击"文件"选项卡中的"保存"命令,弹出"另存为"对话框,在左边导航窗格中选择 D 盘,或者在上方地址栏下拉列表框中选择 D 盘,在右侧窗口工作区中选择 my_words 文件夹,在"文件名"输入框中输入文件名"超市通告",然后单击"保存"按钮。

2. 输入正文内容

输入正文文字,在指定地方插入符号"☙""❧"和日期。

(1) 输入通告的前 3 段内容。

(2) 将光标定位在第 1 段需要插入符号"☙"的位置,选择"插入"选项卡,在符号组中单击"符号"命令,在弹出的下拉菜单中选择"其他符号"命令弹出"符号"对话框,在"符号"选项卡中,选择字体为 Wingdings,插入符号"☙","符号"对话框如图 3.2 所示。用同样的方法插入符合"❧"。

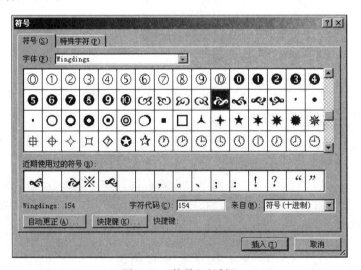

图 3.2 "符号"对话框

(3) 将光标定位在第 4 段开头,选择"插入"选项卡,在"文本"组中,单击"日期和时间"命令弹出"日期和时间"对话框,选择一种"可用格式"后单击"确定"按钮。"日期和时间"对话框如图 3.3 所示。输入正文后的效果如图 3.4 所示。

3. 格式设置

将第 1 段设置为"华文行楷""28 磅"居中。

将第 2 段设置为"宋体""三号""首行缩进"2 字符。

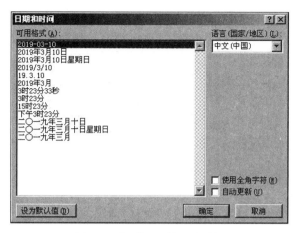

图 3.3 "日期和时间"对话框

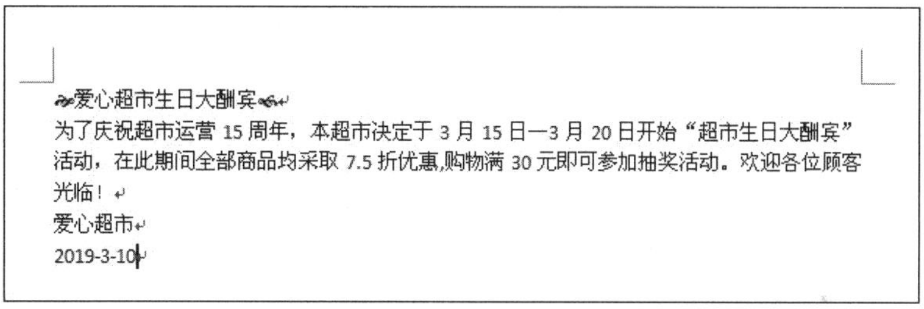

爱心超市生日大酬宾
为了庆祝超市运营 15 周年,本超市决定于 3 月 15 日—3 月 20 日开始"超市生日大酬宾"
活动,在此期间全部商品均采取 7.5 折优惠,购物满 30 元即可参加抽奖活动。欢迎各位顾客
光临!
爱心超市
2019-3-10

图 3.4 输入正文后的效果

将第 3、4 段设置文字右对齐。

将"爱""心""全部商品"和"7.5 折"设置为加粗、红色。

(1)选中正文中的第 1 段,选择"开始"选项卡,在"字体"组中,设置"字体"下拉列表框中的字体为"华文行楷",设置"字号"下拉列表框中的字号大小为"28",在"段落"组中,单击"居中对齐"按钮,使本段文字居中。

(2)选中正文中的第 2 段,在"字体"组中选择"字体"下拉列表框中的字体为"宋体",选择"字号"下拉列表框中的字号大小为"三号"。

(3)把光标定位在第 2 段任何位置,选择"开始"选项卡,单击"段落"组右下角的对话框启动器,打开"段落"对话框,选择"缩进和间距"选项卡,在"缩进"栏的"特殊格式"下拉列表框中选择"首行缩进"。

(4)选中正文中的第 3、4 段,选择"开始"选项卡,在"段落"组中单击"文本右对齐"按钮,使文字右对齐。

(5)选中"爱""心""全部商品"和"7.5 折",选择"开始"选项卡,在"字体"组中,单击"加粗"按钮,再单击"字体颜色"命令右侧的下拉按钮,选择"标准色"中的红色。

4. 字数统计

如果要统计这篇通告的字数,可选择"审阅"选项卡,在"校对"组中单击"字数统计"按钮,打开"字数统计"对话框。

5. 设置密码

为了对文档内容进行保护,可以选择用密码加密。加密保存后的文档在下次打开时必须输入正确密码才行。

(1) 选择"文件"菜单,在弹出的下拉菜单中选择"信息"命令,打开"信息"窗口,单击"保护文档"命令,从弹出的下拉菜单中选择"用密码进行加密"命令。

(2) 弹出"加密文档"对话框。在"密码"文本框中输入密码,单击"确定"按钮,弹出"确定密码"对话框。在"重新输入密码"对话框中,将输入的密码再输入一次,单击"确定"按钮。

6. 保存文档

选择"文件"菜单,在弹出的下拉菜单中选择"保存"命令,或者单击"快速访问工具栏"中的"保存"按钮。

7. 关闭文档

单击窗口右上角的"关闭"按钮,或者选择"文件"菜单,在弹出的下拉菜单中选择"关闭"命令。

实验 2　Word 2010 文字处理的应用

一、实验目的

(1) 掌握 Word 文档字符格式和段落格式设置的基本方法。
(2) 掌握项目符号、编号、分栏等操作的设置方法。
(3) 掌握边框和底纹的设置方法。
(4) 掌握在文本中插入剪贴画、艺术字、图形、图像和文本框的方法。
(5) 掌握公式的使用。
(6) 掌握表格的制作与编辑方法。
(7) 掌握图文混排的方法。

二、实验内容与步骤

利用 Word 2010 实现文档的排版,表格的制作以及图文混排。

任务 1　制作标题为"蓝牙技术"的文档

【任务描述】

利用 Word 2010 制作标题为"蓝牙技术"的文档,需要创建和保存新文档,输入正文内容,对文中指定内容进行替换,设置字符和段落的格式,对指定段落进行分栏,设置首字下沉。"蓝牙技术"文档最终效果图如图 3.5 所示。

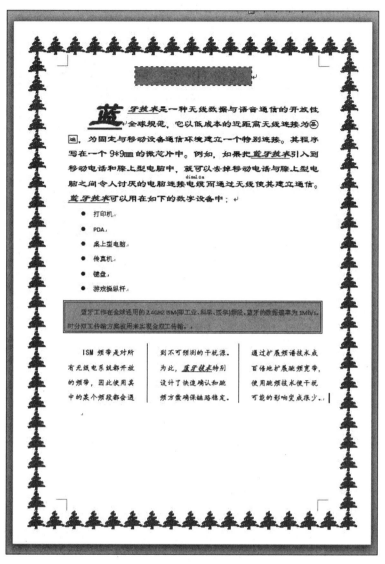

图 3.5 "蓝牙技术"文档最终效果图

【任务实现】

1. 创建新文档

创建新文档,将该文件保存在"D:\my_words"目录中,文件名为"蓝牙技术"。

(1) 双击桌面上的 Word 快捷图标,或者选择"开始"菜单中的"所有程序"打开子菜单,单击 Microsoft Office 打开应用程序列表,选择 Microsoft Word 2010,启动 Word 2010。

(2) 单击"文件"选项卡中的"保存"命令,弹出"另存为"对话框,在左边导航窗格中选择 D 盘,或者在上方地址栏下拉列表框中选择 D 盘,在右侧窗口工作区中选择 my_words

文件夹,在"文件名"输入框中输入文件主名"蓝牙技术",然后单击"保存"按钮。

（3）输入 10 段正文内容,输入内容如图 3.6 所示。

蓝牙基数

蓝牙基数是一种无线数据与语音通信的开放性全球规范,它以低成本的近距离无线连接为基础,为固定与移动设备通信环境建立一个特别连接。其程序写在一个 9mm×9mm 的微芯片中。例如,如果把蓝牙基数引入到移动电话和膝上型计算机中,就可以去掉移动电话和膝上型电脑之间令人讨厌的电脑连接电缆而通过无线使其建立通信。蓝牙基数可以用在如下的数字设备中:

打印机

PDA

桌上型计算机

传真机

键盘

游戏操纵杆

蓝牙工作在全球通用的 2.4GHz ISM(即工业、科学、医学)频段。蓝牙的数据速率为 1Mb/s。时分双工传输方案被用来实现全双工传输。

ISM 频带是对所有无线电系统都开放的频带,因此使用其中的某个频段都会遇到不可预测的干扰源。为此,蓝牙基数特别设计了快速确认和跳频方案确保链路稳定。通过扩展频谱技术成百倍地扩展跳频宽带,使用跳频技术使干扰可能的影响变得很小。

图 3.6　输入内容

2. 替换文字

将文中所有的"蓝牙基数"改为"蓝牙技术"。

（1）将光标定位在第 1 段的开头,选择"开始"选项卡,在"编辑"组中,单击"替换"按钮,弹出"查找和替换"对话框。

（2）选择"替换"选项卡,在"查找内容"下拉列表中输入需要查找的内容"蓝牙基数",在"替换为"下拉列表中输入要替换的内容"蓝牙技术"。

（3）单击"全部替换"按钮,弹出 Microsoft Word 对话框,提示已完成 5 处替换,单击"确定"按钮完成全部替换。

3. 设置第 2 段到第 10 段的相同格式

将第 2 段到第 10 段,首行缩进 2 字符、行距 24 磅。

将第 2 段到第 10 段某一处"蓝牙技术"设置下划线、蓝色、倾斜、加粗,然后利用格式刷把剩余的 3 处"蓝牙技术"设置为同样的格式。

（1）选中第 2 段到第 10 段,选择"开始"选项卡,单击"段落"组右下角的对话框启动器,打开"段落"对话框,选择"缩进和间距"选项卡。

（2）在"缩进"栏的"特殊格式"下拉列表框中选择"首行缩进",在"磅值"数值框中输入"2 字符",在"间距"栏的"行距"下拉列表框中选择"固定值",在"设置值"数值框中输入"24 磅",单击"确定"按钮。

（3）选中第 2 段中的"蓝牙技术",选择"开始"选项卡,在"字体"组中,分别单击"加粗"按钮、"倾斜"按钮和"下划线"按钮。继续单击"字体颜色"命令右侧的下拉按钮,弹出下拉菜单,在"标准色"栏中单击"蓝色"按钮。

（4）选择"开始"选项卡,在"剪贴板"组中,双击"格式刷"按钮,将设置的"蓝牙技术"格式复制,然后用格式刷分别选中第 2 段和第 10 段中的 3 个"蓝牙技术"复制相同的格式,再次单击"格式刷"取消格式复制。

4. 设置第 1 段的格式

将第 1 段设置为华文彩云、二号、浅蓝、字符间距加宽 13 磅、文字加上橙色底纹和双线边框、居中、段后间距 1.5 行。

(1) 选中第 1 段中的文字"蓝牙技术",选择"开始"选项卡,在"字体"组中,选择"字体"下拉列表框中的字体为"华文彩云",选择"字号"下拉列表框中的字号大小为"二号",单击"加粗"按钮,继续单击"字体颜色"命令右侧的下拉按钮,弹出下拉菜单,在"标准色"栏中单击"浅蓝"按钮。

(2) 单击"字体"组右下角的对话框启动器,打开"字体"对话框,选择"高级"选项卡,在"字符间距"栏的"间距"下列表框中选择"加宽",在"磅值"数值框中输入"13 磅",单击"确定"按钮。

(3) 选择"页面布局"选项卡,在"页面背景"组中,单击"页面边框"按钮,弹出"边框和底纹"对话框,选择"边框"选项卡,在"样式"下拉列表框中选择一个虚线样式,在"预览"栏的"应用于"下拉列表框中选择"文字"。

(4) 选择"底纹"选项卡,在"填充"栏的下拉菜单中单击"主题颜色"中的"橙色,强调文字颜色 6"按钮,在"预览"栏的"应用于"下拉列表框中选择"文字",单击"确定"按钮。

(5) 单击"段落"组右下角的对话框启动器,打开"段落"对话框,选择"缩进和间距"选项卡,在"常规"栏的"对齐方式"下拉列表框中选择"居中",在"间距"栏的"段后"数值框中输入"1.5 行",单击"确定"按钮。第 1 段设置后的效果如图 3.7 所示。

图 3.7　第 1 段效果

5. 设置第 2 段的格式

将第 2 段设置为隶书、三号。

选中第 2 段,选择"开始"选项卡,在"字体"组中选择"字体"下拉列表框中的字体为"隶书",选择"字号"下拉列表框中的字号大小为"三号"。第 2 段设置后的效果如图 3.8 所示。

> 蓝牙技术是一种无线数据与语音通信的开放性全球规范,它以低成本的近距离无线连接为基础,为固定与移动设备通信环境建立一个特别连接。其程序写在一个 9mm×9mm 的微芯片中。例如,如果把蓝牙技术引入到移动电话和膝上型计算机中,就可以去掉移动电话与膝上型计算机之间令人讨厌的计算机连接电缆而通过无线使其建立通信。蓝牙技术可以用在如下的数字设备中:

图 3.8　第 2 段效果

6. 设置第 3 段到第 8 段的项目符号

选中第 3 段到第 8 段,选择"开始"选项卡,在"段落"组中,单击"项目符号"命令右侧的下拉按钮,在弹出的下拉菜单中选择"项目符号库"中的某个符号。第 3 段到第 8 段设置后的效果如图 3.9 所示。

7. 设置第 9 段的格式

将第 9 段设置段前 1 字符、段后 1.5 字符、双线边框、“水绿，强调文字颜色 5，淡色 40%”的底纹颜色、红色。

(1) 把光标定位在第 9 段任意位置，单击“段落”组右下角的对话框启动器，打开“段落”对话框，选择“缩进和间距”选项卡，在“间距”栏的“段后”数值框中输入“1 字符”，在“段后”数值框中输入“1.5 字符”，单击“确定”按钮。

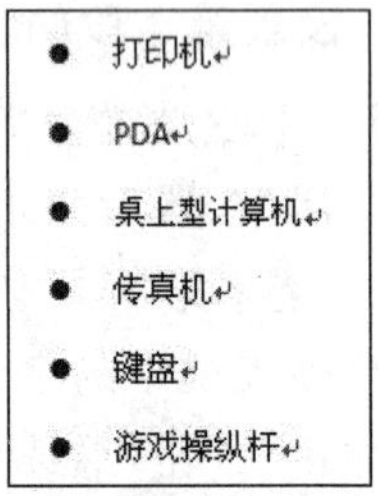

- 打印机
- PDA
- 桌上型计算机
- 传真机
- 键盘
- 游戏操纵杆

图 3.9　第 3 段到第 8 段效果

(2) 选择“页面布局”选项卡，在“页面背景”组中，单击“页面边框”按钮，弹出“边框和底纹”对话框，选择“边框”选项卡，在“样式”下拉列表框中选择一个双线样式，在“预览”栏的“应用于”下拉列表框中选择“段落”。

(3) 选择“底纹”选项卡，在“填充”栏的下拉菜单中选择“主题颜色”中的“水绿，强调文字颜色 5，淡色 40%”按钮，在“预览”栏的“应用于”下拉列表框中选择“段落”，单击“确定”按钮。

(4) 选中第 9 段，选择“开始”选项卡，在“字体”组中，单击“字体颜色”命令右侧的下拉按钮，弹出下拉菜单，在“标准色”栏中单击“红色”按钮。第 9 段设置后的效果如图 3.10 所示。

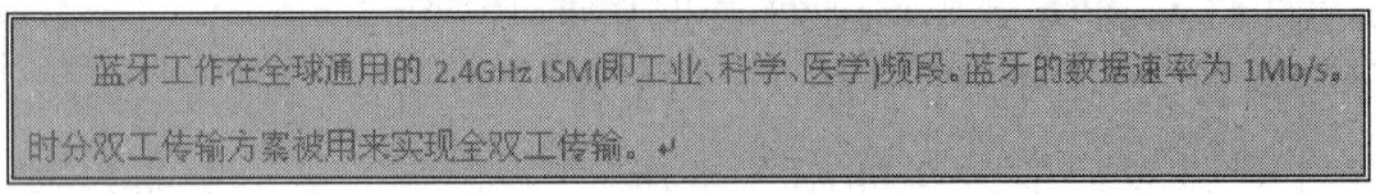

蓝牙工作在全球通用的 2.4GHz ISM(即工业、科学、医学)频段。蓝牙的数据速率为 1Mb/s。时分双工传输方案被用来实现全双工传输。

图 3.10　第 9 段效果

8. 设置第 10 段的格式

将第 10 段设置为仿宋、小四号、分 3 栏、栏间距 4 字符、加栏线。

(1) 选中第 10 段，选择“开始”选项卡，在“字体”组中，选择“字体”下拉列表框中的字体为“仿宋”，选择“字号”下拉列表框中的字号大小为“小四号”。

(2) 把光标定位在第 10 段最后，然后按 Enter 键，接着选中第 10 段。

(3) 选择“页面布局”选项卡，在“页面设置”组中，单击“分栏”命令，在弹出的下拉菜单中选择“更多分栏”选项，弹出“分栏”对话框，在“预设”选项区中选择“三行”样式，在“宽度和间距”选项区，设置栏“间距”为 4 字符，勾选“分隔线”复选框，单击“确定”按钮。第 10 段设置后的效果如图 3.11 所示。

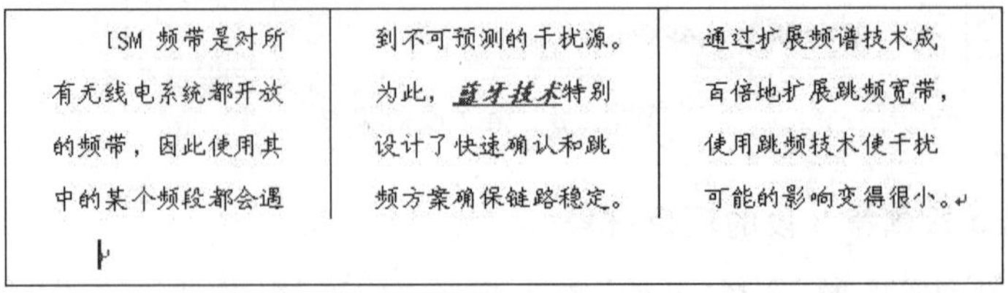

ISM 频带是对所有无线电系统都开放的频带，因此使用其中的某个频段都会遇到不可预测的干扰源。为此，蓝牙技术特别设计了快速确认和跳频方案确保链路稳定。通过扩展频谱技术成百倍地扩展跳频宽带，使用跳频技术使干扰可能的影响变得很小。

图 3.11　第 10 段效果

9．设置汉字拼音

给第 2 段中的汉字"电缆"加注拼音。

选中第 2 段汉字"电缆"，选择"开始"选项卡，在"字体"组中，单击"拼音指南"按钮弹出"拼音指南"对话框，单击"确定"按钮。设置后的效果如图 3.12 所示。

10．设置带圈字符

设置第 2 段中的"基础"为带圈字符。

选中"基"，选择"开始"选项卡，在"字体"组中，单击"带圈字符"按钮弹出"带圈字符"对话框，选择"样式"栏中的"缩小文字"，选择"圈号"栏中的合适圈号，单击"确定"按钮。用同样的方法设置"基"为带圈字符。设置后的效果如图 3.13 所示。

diàn lǎn
电缆　　　　　　　　　　　　　　　　基础

图 3.12　带拼音的汉字　　　　　　　　　图 3.13　带圈字符

11．设置首字下沉

给第 2 段设置首字下沉，下沉行数为 2 行。

把光标定位在第 2 段任意位置，选择"插入"选项卡，在"文本"组中，单击"首字下沉"命令，在弹出的下拉菜单中选择"首字下沉选项"，弹出"首字下沉"对话框，选择"下沉"栏中的"下沉"选项，在"选项"栏中的"下沉行数"数值框中输入 2。

12．设置页面边框

给整个页面设置松树型的艺术边框。

把光标定位在正文中任意位置，选择"页面布局"选项卡，在"页面背景"组中，单击"页面边框"命令，弹出"边框和底纹"对话框，选择"页面边框"选项卡，在"艺术型"下拉列表框中选择松树型，在"预览"栏的"应用于"下拉列表框中选择"整篇文档"，单击"确定"按钮。

任务 2　制作"水果销售统计表"

【任务描述】

利用 Word 2010 制作"水果销售统计表"，需要创建和保存新文档，创建表格，对表格进行编辑和格式设置，对数据进行处理。"水果销售统计表"最终效果如图 3.14 所示。

水果销售统计表

季度＼名称		香蕉	橙子	苹果	合计
上半年	一季度	256	345	360	961
	二季度	356	250	450	1056
下半年	三季度	278	120	570	968
	四季度	135	560	400	1095

图 3.14　"水果销售统计表"最终效果

【任务实现】

1. 创建新文档

新建 Word 文档,将文件保存在"D:\my_words"目录中,文件名为"表格"。

(1)双击桌面上的 Word 快捷图标,或者选择"开始"菜单中的"所有程序"打开子菜单,单击 Microsoft Office 打开应用程序列表,选择 Microsoft Word 2010,启动 Word 2010。

(2)单击"文件"选项卡中的"保存"命令,弹出"另存为"对话框,在左边导航窗格中选择 D 盘,或者在上方地址栏下拉列表框中选择 D 盘,在右侧窗口工作区中选择 my_words 文件夹,在"文件名"输入框中输入文件主名"水果销售统计表",然后单击"保存"按钮。

2. 创建表格

输入表标题"水果销售统计表",创建一个 6 行 5 列的表格,进行单元格的合并,绘制斜线表头,输入表格内容。

(1)输入表标题"水果销售统计表",按 Enter 键将光标定位在第 2 段的开头。

(2)选择"插入"选项卡,在"表格"组中,单击"表格"命令弹出下拉菜单,选择"插入表格"命令弹出"插入表格"对话框。

(3)在"表格尺寸"栏的"列数"数值框中输入 5,在"行数"数值框中输入 6,单击"确定"按钮。

(4)选中 1 行 1 列单元格和 1 行 2 列单元格,选择"表格工具"功能区中的"布局"选项卡,在"合并"组中,单击"合并单元格"按钮。用同样的方法,将 2 行 1 列单元格和 3 行 1 列单元格合并,将 4 行 1 列单元格和 5 行 1 列单元格合并,将 6 行 1 列单元格和 6 行 2 列单元格合并。

(5)将光标定位在第 1 行下边框线上直到光标变成夹子形状,按住鼠标左键并拖动光标到合适位置使该行加高。将光标定位在 1 行 1 列单元格内,选择"开始"选项卡,在"段落"组中,单击"下框线"右侧的下拉按钮,弹出下拉菜单,选择"斜下框线"命令绘制斜线表头。

(6)输入表格内容,输入完成后的效果图如图 3.15 所示。

名称\季度		香蕉	橙子	苹果	
上半年	一季度	256	345	360	
	二季度	356	250	450	
下半年	三季度	278	120	570	
	四季度	135	560	400	
合计					

图 3.15 表格内容输入完后的效果图

3. 插入列

在表格右侧插入一列,列标题为"合计",并输入内容。

（1）将光标定位在第 5 列任何位置,右击弹出快捷菜单,选择"插入"命令弹出级联菜单,再选择"在右侧插入列"命令。

（2）在 1 行 6 列单元格内输入"合计"。

4. 删除行

删除表格最后一行。

选中表格第 6 行,选择"表格工具"功能区中的"布局"选项卡,在"行和列"组中,选择"删除"命令弹出下拉菜单,再选择"删除行"命令。

5. 设置文字方向

将"上半年"和"下半年"文字方向设置为垂直。

（1）将鼠标定位在第 2 行下边框线上直到鼠标指针变成夹子形状,按住鼠标左键拖动到合适位置使该行加高。用同样的方法,将第 3 行加高。

（2）选中 2 行 1 列单元格和 3 行 1 列单元格,选择"页面布局"选项卡,在"页面设置"组中,单击"文件方向"命令弹出下拉菜单,选择"垂直"命令。

6. 设置单元格内容的对齐方式

将表中所有单元格内容水平居中、垂直居中,调整"名称"和"季度"到合适位置。

（1）单击表格左上角的"全选"按钮,选中整个表格,选择"表格工具"功能区中的"布局"选项卡,在"对齐方式"组中单击"水平居中"按钮。

（2）利用空格键调整"名称"和"季度"到合适位置。

7. 统一行的高度

将第 2 行到第 5 行的高度平均分配。

选中第 2 行到第 5 行,选择"表格工具"功能区中的"布局"选项卡,在"单元格大小"组中选择"分布行"按钮。

8. 设置表标题格式

将表标题格式设置为隶书、二号、居中、段后 0.5 行。

（1）选择"开始"选项卡,在"字体"组中,设置"字体"下拉列表框中的字体为"隶书",设置"字号"下拉列表框中的字号大小为"二号"。

（2）单击"段落"组右下角的对话框启动器,打开"段落"对话框,选择"缩进和间距"选项卡,在"常规"栏的"对齐方式"下拉列表框中选择"居中",在"间距"栏的"段后"数值框中输入"0.5 行"。

9. 设置第 1 行标题格式

将第 1 行标题格式加粗。

选中第 1 行,选择"开始"选项卡,在"字体"组中单击"加粗"按钮。

10. 设置表格边框样式

将表格左右外边框删除,设置上下外边框为 1.5 磅的双线,第 1 行下边框和第 1 列右边框为 0.5 磅的双线。

（1）单击表格左上角的按钮,选中整个表格,在表格内右击,弹出快捷菜单,选择"边框和底纹"命令弹出"边框和底纹"对话框,打开"边框"选项卡。

（2）在"样式"下拉列表框中选择双线,在"宽度"下拉列表框中选择"1.5",在"预览"栏中单击左边线、右边线、上边线和下边线,使其取消,再单击上边线和下边线设置成选中的样式,单击"确定"按钮。

（3）选中第1行,在第1行内右击,弹出快捷菜单,选择"边框和底纹"命令弹出"边框和底纹"对话框,选择"边框"选项卡。

（4）在"样式"下拉列表框中选择双线,在"宽度"下拉列表框中选择"0.5",在"预览"栏中双击下边线,单击"确定"按钮。

（5）选中第1列,在第1列内右击,弹出快捷菜单,选择"边框和底纹"命令弹出"边框和底纹"对话框,选择"边框"选项卡。

（6）在"样式"下拉列表框中选择双线,在"宽度"下拉列表框中选择"0.5",在"预览"栏中双击右边线,单击"确定"按钮。设置完成后的效果如图3.16所示。

水果销售统计表

季度＼名称		香蕉	橙子	苹果	合计
上半年	一季度	256	345	360	
	二季度	356	250	450	
下半年	三季度	278	120	570	
	四季度	135	560	400	

图 3.16　边框设置完后的效果

11. 设置表格底纹

将第1行底纹颜色设置为"白色,背景1,深色15％",最后1列底纹颜色设置为"水绿色,强调文字颜色5,深色60％"。

（1）选中第1行,选择"页面布局"选项卡,在"页面背景"组中,单击"页面边框"按钮,弹出"边框和底纹"对话框,选择"底纹"选项卡,在"填充"栏的下拉菜单中选择"主题颜色"中的"白色,背景1,深色15％"命令,在"预览"栏的"应用于"下拉列表框中选择"单元格",单击"确定"按钮。

（2）选中最后一列,用同样的方法将底纹颜色设置为"水绿色,强调文字颜色5,深色60％"。

12. 计算合计值

利用公式计算每季度水果的销售总量。

（1）将光标定位在2行6列单元格,选择"表格工具"功能区中的"布局"选项卡,在"数据"组中,单击"公式"按钮弹出"工具"对话框,在"公式"文本框中显示"＝SUM(LEFT)",单击"确定"按钮完成计算。

（2）分别选中3行6列单元格、4行6列单元格和5行6列单元格,用同样的方法计算合计值。

任务 3　制作标题为"高等数学"的文档

【任务描述】

利用 Word 2010 制作标题为"高等数学"的文档,需要创建和保存新文档,输入正文内容,设置正文格式,制作艺术字,插入剪贴画,制作层次结构图,插入公式,插入形状。"高等数学"文档最终效果如图 3.17 所示。

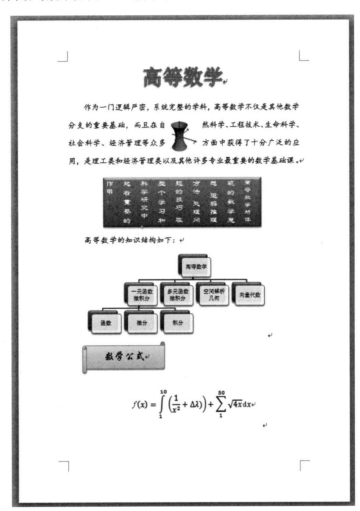

图 3.17　"高等数学"文档最终效果

【任务实现】

1. 创建新文档

创建新文档,将该文件保存在"D:\my_words"目录中,文件名为"高等数学"。

（1）双击桌面上的 Word 快捷图标,或者选择"开始"菜单中的"所有程序"打开子菜单,单击 Microsoft Office 打开应用程序列表,选择 Microsoft Word 2010,启动

Word 2010。

（2）单击"文件"选项卡中的"保存"命令，弹出"另存为"对话框，在左边导航窗格中选择 D 盘，或者在上方地址栏下拉列表框中选择 D 盘，在右侧窗口工作区中选择 my_words 文件夹，在"文件名"输入框中输入文件名"高等数学"，然后单击"保存"按钮。

2．制作艺术字

将标题"高等数学"设置为艺术字，艺术字样式为"填充-橄榄色，强调文字颜色 3，轮廓-文本 2"，文本轮廓为标准色"绿色"，环绕方式为"上下型环绕"。

（1）将光标定位在文档的开头，选择"插入"选项卡，在"文本"组中，选择"艺术字"命令弹出下拉菜单，选择"填充-橄榄色，强调文字颜色 3，轮廓-文本 2"样式，在生成的文本框中输入"高等数学"。

（2）选中"高等数学"，选择"绘图工具"功能区中的"格式"选项卡，在"艺术字样式"组中选择下拉列表中的"填充-橄榄色，强调文字颜色 3，轮廓-文本 2"样式，单击"形状轮廓"右侧的下拉按钮，选择"标准色"中的"绿色"。

（3）选择"格式"选项卡"排列"组中的"自动换行"命令，在弹出菜单中选择"上下型环绕"。

（4）将光标定位在文本框边线上，当鼠标指针变成"十"字箭头后，按住鼠标左键，把艺术字拖动到文档水平中间位置。最终艺术字效果如图 3.18 所示。

图 3.18　最终艺术字效果

3．输入正文内容

输入两段正文内容，输入内容如图 3.19 所示。

> 作为一门逻辑严密，系统完整的学科，高等数学不仅是其他数学分支的重要基础，而且在自然科学、工程技术、生命科学、社会科学、经济管理等众多方面中获得了十分广泛的应用，是理工类和经济管理类以及其他许多专业最重要的数学基础课。
> 高等数学的知识结构如下：

图 3.19　输入内容

4．设置第 1、2 段格式

将第 1、2 段设置为楷体、四号字、首行下沉 2 字符、行距 1.5 倍、蓝色。

（1）选中 1、2 段，选择"开始"选项卡，在"字体"组中，设置"字体"下拉列表框中的字体为"楷体"，设置"字号"下拉列表框中的字号大小为"四号"。

（2）单击"段落"组右下角的对话框启动器，打开"段落"对话框，选择"缩进和间距"选项卡，在"缩进"栏的"特殊格式"下拉列表框中选择"首行缩进"，在"磅值"数值框中输入"2字符"，在"间距"栏的"行距"下拉列表框中选择"1.5 倍行距"，单击"确定"按钮。

5．插入图片

在第 1 段中间插入一张图片，缩小图片，环绕方式为紧密型环绕。

（1）将光标定位在第 2 段的中间位置，选择"插入"选项卡，在"插图"组中，单击"图片"按钮，弹开"插入图片"对话框，选择打开图片的路径，选择要插入的图片文件"高等数学",单击"插入"按钮。

（2）选中图片,将鼠标定位在图片框线右下角处,当鼠标指针变成倾斜的双向箭头时,按住鼠标左键,把图片缩小到合适大小。

（3）选择"绘图工具"功能区中的"格式"选项卡,在"排列"组中,选择"自动换行"命令弹出下拉菜单,选择"紧密型环绕"。

（4）将光标定位在图片框线上,当鼠标指针变成"十"字箭头后,按住鼠标左键,把图片拖动到第 2 段中间位置。插入图片后的最终效果如图 3.20 所示。

图 3.20　插入图片后的最终效果

6．制作文本框

插入竖排文本框,输入内容,设置文字格式为隶书、四号、1.5 倍行距,设置文本框格式为"强烈效果-水绿色,强调颜色 5"、宽度 3 厘米、高度 10 厘米、环绕方式为"上下型环绕",将文本框拖到第 1 段和第 2 段之间。

（1）选择"插入"选项卡,在"文本"组中单击"文本框"命令,弹出下拉菜单选择"绘制竖排文本框"命令。

（2）此时光标变成"十"字形,在空白位置按住鼠标左键同时拖动鼠标到合适的位置,松开鼠标左键,可以绘制出所需大小的文本框。

（3）在文本框中输入需要的文字内容。

（4）选中文本框中的内容,选择"开始"选项卡,在"字体"组中,设置"字体"下拉列表框中的字体为"隶书",设置"字号"下拉列表框中的字号大小为"四号"。

（5）单击"段落"组右下角的对话框启动器,打开"段落"对话框,在"间距"栏的"行距"下拉列表框中选择"1.5 倍行距",单击"确定"按钮。

（6）将光标定位在文本框内任意位置,选择"绘图工具"功能区中的"格式"选项卡,在"形状样式"组中,选择下拉列表中的"强烈效果-水绿色,强调颜色 5"样式。

（7）在"大小"组中,在"高度"数值框中输入"3",在"宽度"数值框中输入"10"。

（8）在"排列"组中,选择"自动换行"命令弹出下拉菜单,选择"上下型环绕"。

（9）将光标定位在文本框边线上,当光标变成"十"字箭头后,按住鼠标左键,把文本框拖动到第 1 段和第 2 段之间。最终文本框效果如图 3.21 所示。

7．制作层次结构图

插入层次结构图,根据需要添加或删除形状,输入内容,设置层次结构图样式。

（1）将光标定位在第 3 段的开头位置,选择"插入"选项卡,在"插图"组中单击

图 3.21　最终文本框效果

SmartArt 命令弹出"选择 SmartArt 图形"对话框,在对话框左侧选择"层次结构",从中间选择"层次结构"布局结构,单击"确定"按钮。

（2）层次结构图会出现在光标位置,将光标定位在第 2 层第 1 个形状中,在"SmartArt 工具"功能区中选择"设计"选项卡,在"创建图形"组中单击"添加形状"右侧的下拉按钮,选择"在下方添加形状"。再次在"创建图形"组中单击"添加形状"右侧的下拉按钮,选择"在后方添加形状",用同样的方法在本层再添加一个形状。

（3）选中第 3 层最后一个形状,按 Delete 键删除。

（4）在左侧"在此处键入文字"文本窗格中对应位置输入内容,输入内容如图 3.22 所示。

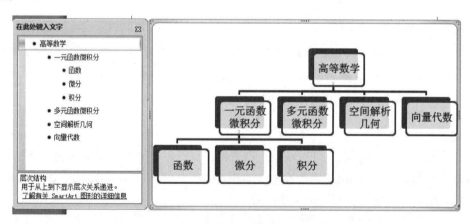

图 3.22　输入内容

（5）选中层次结构图,在"SmartArt 工具"功能区中选择"设计"选项卡,在"SmartArt 样式"组中选择下拉列表中的"强烈效果"。

（6）将光标定位在层次结构图右下角边框线上,当光标变成倾斜的双向箭头时,按住鼠标左键,把层次结构图缩小到合适大小。

8．插入形状

在层次结构图后插入一个"横卷型"的形状,设置形状样式,环绕方式为"上下型环绕",在该形状内添加文字,设置文字格式为"华文行楷""小二"。

（1）选择"插入"选项卡,在"插图"组中,单击"形状"命令弹开下拉菜单,在"星与旗帜"栏中单击"横卷型"。

（2）此时鼠标指针变成"十"字形,在层次结构图后的空白处按住鼠标左键同时拖动光标到合适的位置,松开鼠标左键,绘制出合适大小的图形。

（3）选择"绘图工具"功能区"格式"选项卡,在"形状样式"组中的下拉列表中选择"细微效果-橙色-强调颜色 6"样式。

（4）在图形内部右击弹出快捷菜单,选择"添加文字"命令,在光标处输入"数学公式"。

（5）选中"数学公式",将鼠标移向半透明的浮动工具栏,在"字体"下拉列表框中选择"华文行楷",在"字号"下拉列表框中选择"小二"。

（6）选择"绘图工具"功能区中的"格式"选项卡,在"排列"组中,选择"自动换行"命令弹出下拉菜单,选择"上下型环绕"。形状设置完后的效果如图 3.23 所示。

图 3.23　形状设置完后的效果

9.　插入公式

（1）将光标定位到形状后面一段的开头,选择"插入"选项卡,在"符号"组中,选择"公式"命令弹出下拉列表,选择"插入新公式"命令,在光标位置处出现"在此输入公式"控件,输入"f(x)＝"。

（2）选择"公式工具"功能区的"设计"选项卡,在"结构"组中选择"积分"命令弹出下拉菜单,选择"积分"栏中 1 行 3 列命令,将光标定位在积分符号上面的虚线框内,输入"10",将光标定位在积分符号下面的虚线框,输入"1"。

（3）将光标定位在积分符号右边的虚线框内,在"结构"组中选择"括号"命令弹出下拉菜单,选择"方括号"栏中 1 行 1 列命令,将光标定位在括号内的虚线框内。

（4）在"结构"组中选择"分数"命令弹出下拉菜单,选择"分数"栏中 1 行 1 列命令,将光标定位在分号上面的虚线框内,输入"1",将光标定位在分号下面的虚线框内。

（5）在"结构"组中选择"上下标"命令弹出下拉菜单,选择"上标和下标"栏中 1 行 1 列命令,将光标定位在上标的虚线框内,输入"2",将光标定位在下标的虚线框内,输入"x"。将光标定位在分号的右边,输入"+"。

（6）单击"符号"组中右下角的"其他"按钮弹出菜单,选择菜单右上角的命令弹出下拉菜单,选择"基础数学",在"基础数学"栏中选择"递增"命令。

（7）单击"符号"组中右下角的"其他"按钮弹出菜单,选择菜单右上角的命令弹出下拉菜单,选择"希腊字母",在"小写"栏中选择 Lambda 命令。

（8）将光标定位在")"之后,输入"+"。

（9）在"结构"组中选择"大型运算符"命令弹出下拉菜单,选择"求和"栏中 1 行 2 列命令,将光标定位在求和符号上面的虚线框内,输入"50",将光标定位在求和符号下面的虚线框内,输入"1",将光标定位在求和符号右边的虚线框内。

（10）在"结构"组中选择"根式"命令弹出下拉菜单,选择"根式"栏中 1 行 1 列命令,将光标定位在根式符号内的虚线框内,输入"4x",将光标定位在根式后,输入"dx"。

（11）选中整个公式内容,选择"开始"选项卡,在"字体"组中,设置"字号"下拉列表框中的字号大小为"小三"。在"段落"组中,单击"居中对齐"按钮,使公式居中。设置完后的公式效果如图 3.24 所示。

$$f(x) = \int_{1}^{10} \left(\frac{1}{x^2} + \Delta\lambda \right) + \sum_{1}^{50} \sqrt{4x}\, \mathrm{d}x$$

图 3.24　设置完后的公式效果

综合实训　Word 2010文字处理的高级应用

一、实验目的

（1）掌握长篇文档的编辑和排版。

（2）掌握页边距的设置。

（3）掌握页眉和页脚的设置。

（4）掌握标题的设置。

（5）掌握目录的自动生成。

（6）掌握大纲视图的使用。

二、实验内容与步骤

【任务描述】

毕业设计论文一般包括封面、原创性声明、摘要(中文)、摘要(英文)、目录、正文、结束语、致谢、参考文献。利用 Word 2010 对毕业设计论文进行版面设计，需要创建新文档，进行页面设置，设计封面，输入内容，设置字体和段落的格式，设置标题，设置页眉和页脚，自动生成目录，打印文档。论文最终效果如图 3.25 所示。

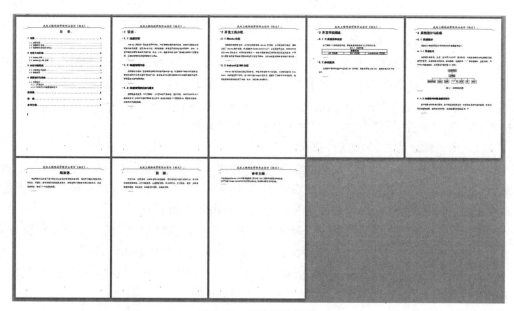

图 3.25　论文最终效果

【任务实现】

1．创建新文档

创建新文档，将该文件保存在"D:\my_words"目录中，文件名为"毕业论文"。

（1）双击桌面上的 Word 快捷图标，或者选择"开始"菜单中的"所有程序"打开子菜单，单击 Microsoft Office 打开应用程序列表，选择 Microsoft Word 2010，启动 Word 2010。

（2）单击"文件"选项卡中的"保存"命令，弹出"另存为"对话框，在左边导航窗格中选择 D 盘，或者在上方地址栏下拉列表框中选择 D 盘，在右侧窗口工作区中选择 my_words 文件夹，在"文件名"输入框中输入文件名"毕业论文"，然后单击"保存"按钮。

2．页面设置

设置纸张大小为 A4，上、左页边距为 2.5 厘米，下、右页边距为 2 厘米。

（1）选择"页面布局"选项卡，在"页面设置"中，单击"页边距"命令弹出下拉菜单，选择"自定义边距"命令弹出"页面设置"对话框。

（2）选择"页边距"选项卡，在"页边距"栏中上、左数值框中分别输入"2.5 厘米"，在下、右数值框中分别输入"2 厘米"。

（3）选择"纸张"选项卡，单击"纸张大小"栏中的下拉列表，选择"A4"，单击"确定"按钮。

3．设计封面

封面内容有正反两面，输入封面正反两面的内容，利用"分页符"分页，设置"分类号""密级""UDC"为黑体、四号，设置学校为宋体、二号、居中，设置论文题目为三号、黑体、加粗、居中，其他文字为楷体、小三，在论文题目上面和下面添加横线。

（1）输入封面的内容，如果无法给输入内容尾部空格添加下划线，选择"文件"菜单，在下拉菜单中选择"选项"弹出"Word 选项"对话框，选择对话框左侧的"高级"命令，在右侧拖动滚动条找到"兼容"栏，选择"版式选项"显示很多复选项，拖动滚动条找到"为尾部空格添加下划线"选项，单击复选框选中该项，单击"确定"按钮。输入内容如图 3.26 所示。

（2）将光标定位在"论文外文题目……"这一段的开头，选择"插入"选项卡，在"页"组中单击"分页"命令。从"论文外文题目……"开始的段落会在新的一页。选择"开始"选项卡，在"段落"组中单击"显示/隐藏编辑标记"可以看到"分页符"。

（3）选中"分类号"，将鼠标移向半透明的浮动工具栏，在"字体"下拉列表框中选择"黑体"，在"字号"下拉列表框中选择"四号"。选择"开始"选项卡，在"剪贴板"组中双击"格式刷"命令，分别选中"密级""UDC"复制相同的格式，再次单击"格式刷"取消格式复制。

（4）选中"武汉工程科技学院"和"毕业设计（论文）"，将鼠标移向半透明的浮动工具栏，在"字体"下拉列表框中选择"宋体"，在"字号"下拉列表框中选择"二号"，单击"居中"按钮。

（5）选中论文题目，将鼠标移向半透明的浮动工具栏，在"字体"下拉列表框中选择

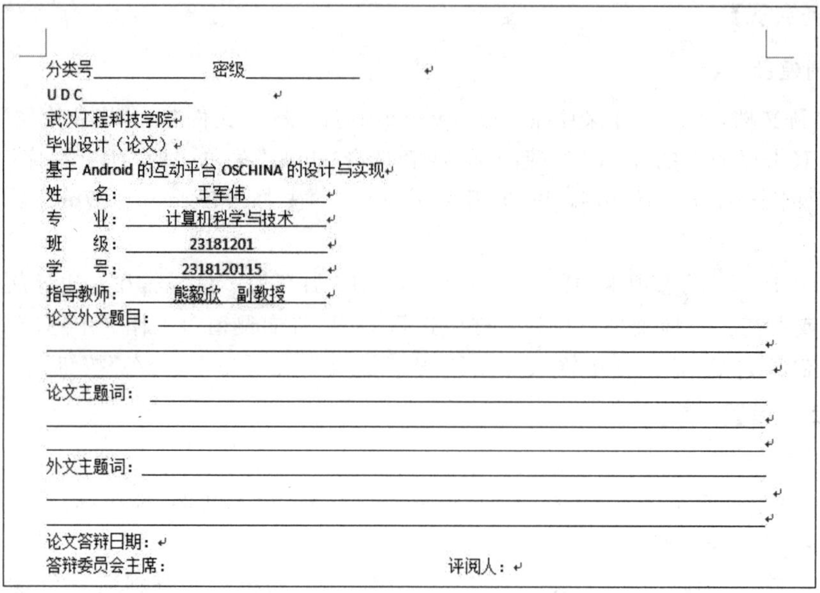

分类号_____ 密级_____

U D C _____

武汉工程科技学院

毕业设计（论文）

基于 Android 的互动平台 OSCHINA 的设计与实现

姓　　名：　　王军伟

专　　业：　计算机科学与技术

班　　级：　　23181201

学　　号：　　2318120115

指导教师：　熊毅欣　副教授

论文外文题目：_____

_____

_____

论文主题词：_____

_____

外文主题词：_____

_____

_____

论文答辩日期：

答辩委员会主席：　　　　　　　　评阅人：

图 3.26　输入内容

"黑体"，在"字号"下拉列表框中选择"三号"，单击"居中"按钮，单击"加粗"按钮。

（6）选中从"姓名……"到"指导老师……"的段落，在"字体"下拉列表框中选择"楷体"，在"字号"下拉列表框中选择"小三"。

（7）选择"视图"选项卡，在"显示"栏中选中"标尺"复选框，打开标尺，选中从"姓名……"到"指导老师……"的段落，将鼠标定位在标尺"左缩进"按钮上，按住鼠标左键向右拖动，直到被选中的段落在文档的中间位置。

（8）选中"姓名"，选择"开始"选项卡，在"剪贴板"组中双击"格式刷"命令，分别选中封面反面的内容复制相同的格式，再次单击"格式刷"取消格式复制。

（9）拖动状态栏右侧"缩放比例"上的滑块缩小显示，使得每张页面完整地呈现在文档编辑区，利用空格键和 Enter 键调整内容的位置，使得页面内容整体看起来美观。

（10）选择"插入"选项卡，在"插图"组中，单击"形状"命令弹开下拉菜单，在"线条"栏中单击"直线"。此时鼠标指针变成"十"字形，在论文题目上面按住鼠标左键同时拖动鼠标到合适的位置，按住 Shift 键后再松开鼠标左键，绘制一条直线。

（11）选中直线，选择"绘图工具"功能区中的"格式"选项卡，在"形状样式"组中，单击"形状轮廓"右侧的下拉按钮，选择"主题颜色"为"黑色"，再次单击"形状轮廓"右侧的下拉按钮，选择"粗细"命令，弹出级联菜单选择"1磅"。

（12）选中直线，按 Ctrl＋C 组合键，再按 Ctrl＋V 组合键复制一条直线，选中复制的直线，将鼠标定位在直线上，当鼠标指针变成"十"字箭头后，按住鼠标左键，把直线拖动到论文题目下方合适位置。封面设置完后的效果如图 3.27 所示。

4. 输入内容

打开"毕业论文原始内容.docx"文件，将除封面外的内容复制到制作好的封面后。

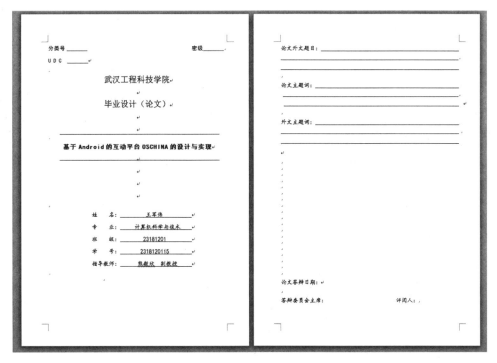

图 3.27　封面设置完后的效果

5. 分页

将以"原创性声明""摘要""ABSTRACT""目录""1 引言""2 开发工具介绍""3 开发环境搭建""4 系统设计与实现""结束语""致谢""参考文献"开头的段落放在新的一页。

（1）将光标定位在"原创性声明"这一段的开头，选择"插入"选项卡，在"页"组中单击"分页"命令。从"原创性声明"开始的段落会在新的一页。

（2）利用同样的方法将光标分别定位在"摘要""ABSTRACT""目录""1 引言""2 开发工具介绍""3 开发环境搭建""4 系统设计与实现""结束语""致谢""参考文献"的开头进行分页。

6. 设置字体和段落的格式

将"原创性声明""摘要""目录"设置为黑体、小二号、加粗、居中、段前 0.5 行、段后 0.5 行、单倍行距。

将"ABSTRACT"设置为 Times New Roman 字体、小二号、加粗、居中、段前 0.5 行、段后 0.5 行、单倍行距。

将正文一级标题、"结束语""致谢""参考文献"设置为黑体、小二号、加粗、段前 0.5 行、段后 0.5 行、单倍行距。"结束语""致谢""参考文献"居中。

将正文二级标题设置为黑体、小三号、加粗、段前 0.5 行、段后 0.5 行、单倍行距。

将正文三级标题设置为黑体、四号、加粗、段前 0.5 行、段后 0.5 行、单倍行距。

将英文摘要"ABSTRACT"的内容设置为 Times New Roman 字体、小四、首行缩进 2 字符、段前 0 行、段后 0 行、单倍行距，将单词"Keywords"加粗。

将正文文本设置为宋体、小四、行距为固定值 23 磅、首行缩进 2 字符、段前 0 行、段后 0 行，将摘要中的"关键字"加粗。

将参考文献内容设置为五号、宋体、单倍行距。

将表名和图名设置为黑体、小四、居中。

（1）选中"原创性声明"，将鼠标移向半透明的浮动工具栏，在"字体"下拉列表框中选择"黑体"，在"字号"下拉列表框中选择"小二号"，单击"居中"按钮。选中"开始"选项卡，单击"段落"组右下角的对话框启动器，打开"段落"对话框，选择"缩进和间距"选项卡，在"间距"栏的"段后"数值框中输入"0.5 行"，在"段后"数值框中输入"0.5 行"，在"行距"下拉列表框中选择"单倍行距"，单击"确定"按钮。

（2）用同样的方法将"ABSTRACT"设置为 Times New Roman 字体、小二号、加粗、居中、段前 0.5 行、段后 0.5 行、单倍行距。

（3）选中"原创性声明"，选择"开始"选项卡，在"剪贴板"组中双击"格式刷"命令，分别选中"摘要""目录"复制相同的格式，再次单击"格式刷"取消格式复制。

（4）选择"视图"选项卡，在"文档视图"组中单击"大纲视图"，选中"1 引言"，在"大纲"选项卡"大纲工具"组中，单击"大纲级别"右侧的下拉按钮，选择"1 级"。单击"关闭"组中"关闭大纲视图"命令。选择"开始"选项卡，在"字体"组中，设置"字体"下拉列表框中的字体为"黑体"，设置"字号"下拉列表框中的字号大小为"小二"，单击"加粗"按钮。单击"段落"组右下角的对话框启动器，打开"段落"对话框，选择"缩进和间距"选项卡，在"间距"栏的"段后"数值框中输入"0.5 行"，在"段后"数值框中输入"0.5 行"，在"行距"下拉列表框中选择"单倍行距"，单击"确定"按钮。

（5）选中"1 引言"，选择"开始"选项卡，单击"样式"组右下角的对话框启动器，打开"样式"任务窗格，选择左下角的"新建样式"命令，弹出"根据格式设置创建新样式"对话框，在"属性"栏"名称"文本框中输入"a_1"，单击"确定"按钮，在"样式"组的列表框中显示新建的"a_1"样式，如图 3.28 所示。

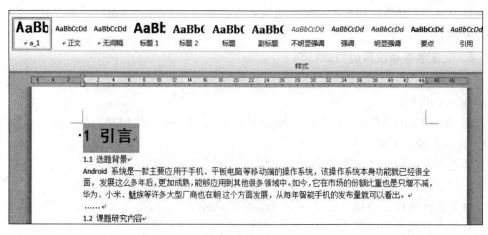

图 3.28　新建的"a_1"样式

（6）分别将光标定位在"2 开发工具介绍""3 开发环境搭建""4 系统设计与实现""结束语""致谢""参考文献"段落中，选择"开始"选项卡，在"样式"中单击样式列表框中名为"a_1"的样式，可快速格式化该样式。

（7）选择"视图"选项卡，在"显示"栏中选中"导航窗格"复选框，打开"导航"窗格，打开"浏览您的文档中的标题"选项卡，可以看到所有设置为标题的内容。在"导航"窗格中单击"结束语"，在右侧文档编辑区中，光标定位在"结束语"所在段落的开头。选择"开始"选项卡，在"段落"组中单击"居中"按钮。用同样的方法将"致谢""参考文献"居中。

（8）选中"1.1 选题背景"用同样的方法设置成二级标题，按照格式要求设置后，新建二级标题的样式"a_1.1"。选中"4.1.1 界面设计"用同样的方法设置成三级标题。按照格式要求设置后，新建三级标题的样式"a_1.1.1"。选中"原创性声明"中的第 1 段"本人呈交的毕业论文……"按照格式要求设置后，新建正文样式"a_text"。选中表名"表 3.1 安装内容"按照格式要求设置后，新建图名和表名样式"a_table"。利用已经设置好的样式，把论文中需要设置相同格式的内容，快速格式化为所选样式定义的格式。

（9）将英文摘要"ABSTRACT"的内容设置为 Times New Roman 字体、小四、首行缩进 2 字符、段前 0 行、段后 0 行、单倍行距，将单词"Keywords"加粗。将参考文献内容设置为五号、宋体、单倍行距。将摘要中的"关键字"加粗。在此不再重复。

7. 设置页眉和页脚

封面没有页眉和页脚，其他页面的页眉内容为"武汉工程科技学院毕业设计（论文）"和一条横线，页眉中文字格式设置为楷体、三号、加粗、居中。从"原创性声明"开始到"目录"内容结束的页面中，页脚部分插入罗马数字的页码，从"1 引言"到最后的页面中，页脚部分插入阿拉伯数字的页码。

当不同页面设置不同页眉和页脚时，需要分节，分节原则是具有相同页眉和页脚的页面为相同节。按照要求封面为第 1 节，原创性声明、摘要、目录为第 2 节，剩余的为第 3 节。

（1）将光标定位在"原创性声明"的开头，选择"页面布局"选项卡，在"页面设置"组中单击"分隔符"命令右侧的下拉按钮，弹出下拉菜单，在"分节符"栏中选择"下一页"。将光标定位在"1 引言"的开头，用相同的方法分节。

（2）在页眉或者页脚处双击，进入页眉和页脚编辑界面，将光标定位在"原创性声明"页的页眉处，选择"页眉和页脚工具"功能区中的"设计"选项卡，在"导航"组中单击"单击链接到前一条页眉"命令，断开当前节与前一节的页眉链接。

（3）在光标处输入"武汉工程科技学院毕业设计（论文）"，选中"武汉工程科技学院毕业设计（论文）"，选择"开始"选项卡，在"字体"组中，设置"字体"下拉列表框中的字体为"楷体"，设置"字号"下拉列表框中的字号大小为"三号"，单击"加粗"按钮。

（4）若要在页眉添加一条横线，选中"武汉工程科技学院毕业设计（论文）"和后面的段落标记，选择"开始"选项卡，在"段落"组中单击"下框线"右侧的下拉按钮，弹出下拉菜单，选择"下框线"命令添加横线，如果取消横线，单击"下框线"右侧的下拉按钮，弹出下拉菜单，选择"无框线"命令。页眉设置完成后的效果如图 3.29 所示。

（5）将光标定位在"原创性声明"页的页脚处，选择"页眉和页脚工具"功能区中的"设

图 3.29　页眉设置完成后的效果

计"选项卡,在"导航"组中单击"单击链接到前一条页眉"命令,断开当前节与前一节的页脚链接。

（6）将光标定位在"1 引言"页的页脚处,选择"页眉和页脚工具"功能区中的"设计"选项卡,在"导航"组中单击"单击链接到前一条页眉"命令,断开当前节与前一节的页脚链接。

（7）将光标定位在"1 引言"页的页脚处,选择"页眉和页脚工具"功能区中的"设计"选项卡,在"页眉和页脚"组中单击"页码"命令弹出下拉菜单,选择"设置页码格式"弹出"页码格式"对话框,在"编号格式"下拉列表框中选择"1,2,3…",在"页码编号"栏中选中"起始页"单选按钮,单击"确定"按钮。

（8）再次单击"页码"命令弹出下拉菜单,选择"页码底端"命令弹出级联菜单,选择"普通数字 2"命令完成页码的插入。

（9）将光标定位在"原创性声明"页的页脚处,选择"页眉和页脚工具"功能区中的"设计"选项卡,在"页眉和页脚"组中单击"页码"命令弹出下拉菜单,选择"设置页码格式"弹出"页码格式"对话框,在"编号格式"下拉列表框中选择"Ⅰ,Ⅱ,Ⅲ…",在"页码编号"栏中选中"起始页"单选按钮,单击"确定"按钮。

（10）再次单击"页码"命令弹出下拉菜单,选择"页码底端"命令弹出级联菜单,选择"普通数字 2"命令完成页码的插入。

8. 自动生成目录

设置完页码后,可以自动生成目录。设置目录中一级标题为黑体、四号、二级及三级标题为宋体、小四。

（1）将光标定位在"目录"所在页的第 2 段开头,选择"引用"选项卡,在"目录"组中单击"目录"命令弹出下拉菜单,选择"插入目录"弹出"目录"对话框,在"目录"选项卡"常规"栏中,选择"格式"下拉列表框中的"正式"选项,单击"确定"按钮。

（2）选中"1 引用……"将鼠标移向半透明的浮动工具栏,在"字体"下拉列表框中选择"黑体",在"字号"下拉列表框中选择"四号"。选择"开始"选项卡,在"剪贴板"组中,双击"格式刷"按钮,将设置的"1 引用……"格式复制,然后用格式刷分别选中剩下的一级标题复制相同的格式,再次单击"格式刷"取消格式复制。

（3）采用相同的方法设置二级和三级标题格式。目录设置完后的效果如图 3.30 所示。

9. 打印文档

论文编辑完成后需要打印,可以选择单面打印、双面打印,或者指定打印页。

（1）选择"文件"菜单,在弹出的下拉菜单中选择"打印"命令,打开"打印"窗口,在"打

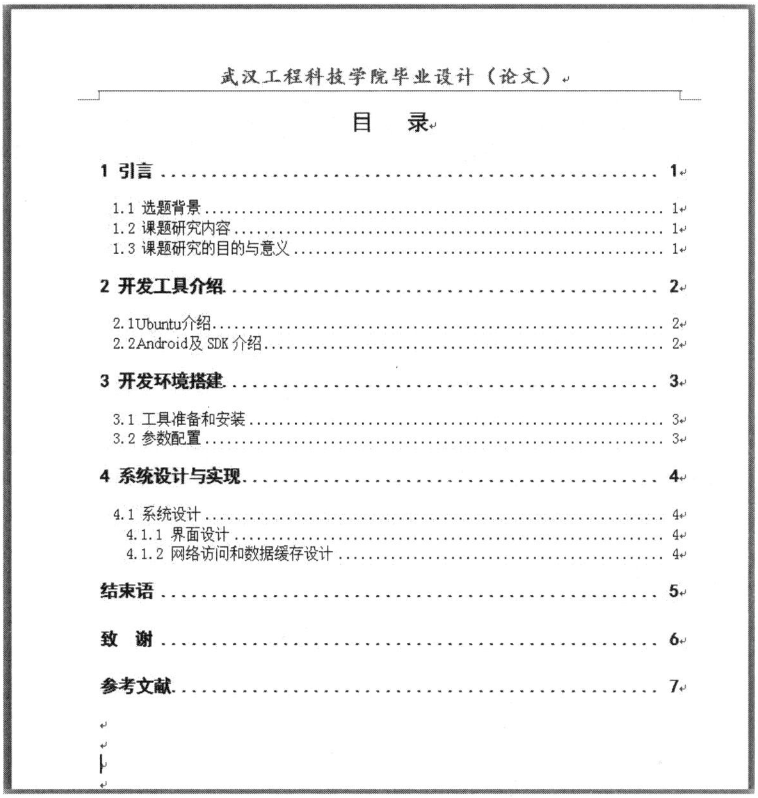
武汉工程科技学院毕业设计（论文）

目　录

图 3.30　目录设置完后的效果

印”栏数值框中输入要打印的份数。

（2）在“设置”栏可以设置打印范围、单双面打印、打印排序、纸张大小、纸张纵横向、页边距和纸张缩放。

（3）设置完成后单击“打印”按钮。

第4章

Excel 2010 电子表格

实验 1　电子表格 Excel 2010 的基本操作

一、实验目的

(1) 掌握 Excel 工作簿的建立。

(2) 掌握工作表中数据的输入。

(3) 掌握数据的编辑和修改。

(4) 掌握工作表的插入、复制、移动、删除和重命名。

(5) 掌握 Excel 工作表的格式化。

(6) 掌握 Excel 工作表的打印及页面设置。

二、实验内容与步骤

利用 Excel 2010 来制作完成学生花名册。

具体要求：

(1) 完成学生姓名、性别数据的录入、学生的学号采用自动生成方式完成。

(2) 设置学号、姓名、性别数据录入格式，录入完成后设置页面为 A4，最后进行打印输出的处理并保存到指定位置。

任务 1　制作班级学生花名册

【任务描述】

学校对学生的管理是按班为单位开展的，学生花名册是管理学生的最基本数据，如何制作班级学生花名册，花名册需要反映学生哪些基本信息是首先考虑的问题之一。

学生班级花名册基本信息由序号、学号、姓名、性别、班级、电话信息构成。

采用 Excel 2010 电子表格制作完成。

【任务实现】

1. 启动 Excel 2010

（1）利用"开始"菜单。选择"开始"菜单中的"所有程序"，打开其下级菜单中的 Microsoft Excel 2010，启动 Excel 2010。

（2）利用快捷图标。双击桌面上的 Excel 快捷图标，即可启动 Excel 2010。

（3）利用现有的 Excel 文档。双击任何 Excel 文档或 Excel 文档的快捷方式，即可启动 Excel 2010。

2. 创建空白工作簿

创建空白工作簿有多种方式，常用的有以下几种。

（1）启动 Excel 2010 时将自动建立一个空白工作簿"工作簿 1. xlsx"，Excel 文档的扩展名为. xlsx。

（2）单击"快速访问工具栏"中的"新建文档"按钮，可创建一个空白工作簿。

（3）单击"文件"选项卡中的"新建"命令，选择"新建空白工作簿"。

①可用模板：包含"空白工作簿""最近打开的模板""样本模板""我的模板""根据现有内容新建"等几个选项，选择其中一个即可创建新工作簿。

②Office.com 模板：包含"报表""表单表格""费用报表"等，选择一种模板类型，即可创建新工作簿。

"新建"命令中包含大量格式规范的 Excel 文档模板，用户可通过这些模板创建 Excel 文档，快速获得具有固定规范格式的 Excel 文档。

单击"文件"选项卡中的"保存"命令或单击快速访问工具栏中的 ⊞ 按钮，将新建的工作簿保存为"通信 13 级花名册. xlsx"。

3. 工作表的操作

创建一个工作簿文件，在该工作簿中为 17 计科的 4 个班分别建立一个花名册，并且按 17 计科本 1 到 17 计科本 4 的顺序排列。

（1）新建工作簿中，默认有 3 个工作表，4 个班需要 4 个工作表，因此，单击工作表标签右侧的"插入工作表"按钮 ⊞，在工作表的末尾快速插入新工作表 Sheet4。

也可以在 Excel 功能区的"开始"选项卡中"单元格"选项组中单击"插入"下拉按钮，在扩展菜单中单击"插入工作表"命令，插入工作表。

（2）双击工作表 Sheet1 的标签，将其重命名为"17 计科本 1"。将工作表 Sheet2、Sheet3、Sheet4 分别重命名为"17 计科本 2""17 计科本 3""17 计科本 4"。

4. 数据录入

在 17 计科本 1 班学生花名册工作表中输入如图 4.1 所示数据。

（1）输入序号。在 A3 单元格中输入 1，移动鼠标到该选定单元格边框右下角的填充柄，此时鼠标指针变成"＋"，按住左键并拖动直至 A30，松开鼠标后出现如图 4.2 所示的快捷菜单，选择"填充序列"命令即可。

图 4.1　17 计科本 1 班学生花名册

（2）输入学号。在输入学号时，有两种方法可以采用：一是在其前面添加英文状态下的单引号""；二是对该列单元格进行格式设置，设置单元格格式为文本型。

① 在 B3 中输入学号"2330170101"，自动填充序列至 B30，因为学号位数较多，超过了单元格的显示宽度，输入时以科学记数法显示，因此输入数据后，可适当调整 B 列的列宽。

图 4.2　自动填充选项

② 选中 B3：B30 单元格，在右键快捷菜单中选择"设置单元格格式"命令，在弹出的"设置单元格格式"对话框中选择"数字"选项卡，在"分类"列表框中选择"文本"，然后单击"确定"按钮。单击每个单元格进行数据的更新。

（3）录入姓名和性别。直接录入姓名即可。为了提高输入的速度，可以通过下拉菜单，选择性别，具体设置如下：选择单元格区域 D3：D30，在"数据"选项卡的"数据工具"选项组中单击"数据有效性"按钮，在下拉列表中选择"数据有效性"选项，在"设置"选项卡中的"允许"下拉列表中选择"序列"选项，在"公式"文本框中输入"男,女"，如图 4.3 所示，单击"确定"按钮。此时，在选择"性别"字段中的单元格后显示一个向下的三角形，单击选择需要的"男"或"女"。

（4）插入表标题。

① 插入行。单击第 1 行中的某一单元格，然后切换到"开始"选项卡，在"单元格"选项组中选择"插入"→"插入工作表行"命令，在当前行上面插入一空白行。重复操作，再插入两行。

图 4.3　设置性别选项

②　合并单元格。选中单元格区域 A1:F1,单击"开始"选项卡"对齐方式"选项组中"合并后居中"按钮,在合并的单元格中输入"17 计科本 1 班学生名册"。

任务 2　17 计科本 1 班学生名册格式化

【任务描述】

对建立的 17 计科本 1 班学生名册进行格式化,具体要求如下。

(1) 标题字体为隶书,字号为 16 号,加粗;正文字体为宋体,字号为 12 号;字段标题字体为宋体,字号为 12 号,加粗。

(2) 设置表格线,外框为粗线,内框为红色细线,行高为 18 磅,设置适当列宽。

【方法与步骤】

1. 字体格式化

方法一:选择单元格区域 A1:F1,在"开始"选项卡上"字体"选项组中,打开"设置单元格格式"对话框,分别设置为"隶书""加粗""16 号"。

方法二:选择单元格区域 A2:F2,单击"开始"选项卡上"字体"选项组中的"字体""字号""字形"按钮直接进行设置。

表格中标题栏文字均设置为"宋体""加粗""12 号",表格中的其他单元格的文字及数据均设置为"宋体""10 号"

2. 边框格式化

选择单元格区域 A2:F36,在"设置单元格格式"对话框"边框"选项卡中设置边框。

3. 调整行高和列宽

现在需要对表单进行行高和列宽的调整,通常可以使用两种方法改变某列或者选定区域的行高。第一种方法是通过执行 Excel 中的功能区命令实现,利用该方法可以实现精确设定。第二种方法是直接使用鼠标操作来进行列宽的调整。当鼠标指针变成一个两条黑色横线并且带有分别指向左右的箭头时,按住鼠标左键拖动,将列宽调整到合适宽度,释放鼠标。

此处选用精确调整的方法设置列宽,选定 E 列到 S 列,依次单击"开始"→"格式"→"列宽"按钮,在弹出的"列宽"对话框中输入数值"3",最后单击"确定"按钮。

采用上述方法,设置 A 列和 D 列的宽度为"4",B 列宽度为"15",C、T、U、V、W、X 列的宽度为"8"。

设置行高的方法与此类似,也可以通过鼠标或菜单项中的命令进行调整,本例中行高为 18。

4. 对齐格式化

选择单元格区域 A2∶X2,在"设置单元格格式"对话框"对齐"选项卡中选择"水平对齐"下拉列表框中的"靠左(缩进)"选项和"垂直对齐"下拉列表框中的"居中"选项。

任务 3 打印及页面设置

【任务描述】

现在需要对编辑好的表单进行打印处理,在打印前需要对页面进行设置,并且对打印的输出边距进行调整。

【方法与步骤】

单击"文件"菜单,然后单击"打印",会出现打印设置和自动预览画面,如图 4.4 所示。在"打印"选项卡上,默认打印机的属性自动显示在第一部分,工作簿的预览自动显示在第二部分。

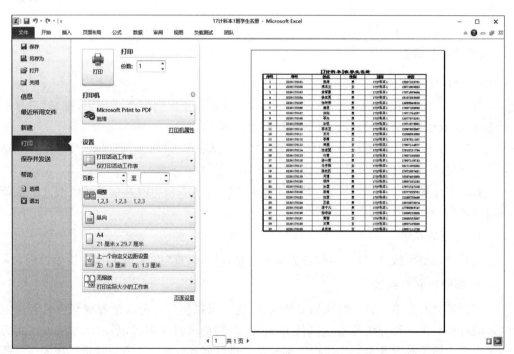

图 4.4 打印设置和自动预览

（1）选择打印机：在"打印机"下拉框中选择与计算机连接的打印机。

（2）更改页面方向：在"设置"部分，更改页面方向为"横向"。

（3）设置页边距：在"打印预览"界面单击"显示边距"按钮 ⊞，进行页边距设置，即打印数据在所选纸张上、下、左、右留出的空白尺寸。

（4）设置页面缩放：由于表格太大，超出了打印页面，想要打印在同一页上很麻烦，现在只要选择如图 4.5 所示的下拉框，就可以轻松调整页面的打印缩放。

图 4.5　设置页面缩放

最后，单击"打印"按钮，打印出来的花名册效果如图 4.6 所示。

三、实验总结

（1）输入数据时，出现错误可以使用 Backspace 键删除，发生误操作按 Esc 键取消，要想删除当前活动单元格的内容可按 Delete 键，当单元格内容输入完毕时使用 Enter 键确定。

（2）功能区中的"居中"按钮 ≡ 只能实现单元格内容的水平居中，要实现中部居中，必须在"设置单元格格式"对话框的"对齐"选项卡中对"水平对齐"和"垂直对齐"选项分别设置"居中"。

17计科本1班学生名册

序号	学号	姓名	性别	班级	电话
1	2330170101	熊涛	男	17计科本1	15207182761
2	2330170102	傅志文	女	17计科本1	15271909923
3	2330170103	余智豪	男	17计科本1	17671669494
4	2330170104	徐宜亮	男	17计科本1	15107255068
5	2330170105	张坤荣	男	17计科本1	13695940910
7	2330170106	潘俊	男	17计科本1	17607168620
8	2330170107	郑刚	男	17计科本1	17671704257
9	2330170108	李杰	男	17计科本1	13277072351
10	2330170109	孙锐	男	17计科本1	17671875961
11	2330170110	李志茂	男	17计科本1	13597952967
12	2330170111	王可	男	17计科本1	13308693080
13	2330170112	李霈	女	17计科本1	13797931307
14	2330170113	周鹏	女	17计科本1	17607114677
15	2330170114	张俊斐	女	17计科本1	17612731794
16	2330170115	代普	女	17计科本1	17607108525
17	2330170116	徐山苗	男	17计科本1	17607119733
18	2330170117	马宇翔	女	17计科本1	15171160383
19	2330170118	陈欣凯	男	17计科本1	17671067421
20	2330170119	何靖	男	17计科本1	15327402080
21	2330170120	胡洋	男	17计科本1	15607103193
22	2330170121	孙康	男	17计科本1	17671747338
23	2330170122	陈嵩	男	17计科本1	15377039761
24	2330170123	张旋	男	17计科本1	13329758406
25	2330170124	苏奥	男	17计科本1	15072870074
26	2330170125	陈子凡	男	17计科本1	17762595747
27	2330170126	柳诗祺	男	17计科本1	13006338928
28	2330170127	黄樱	女	17计科本1	13026355267
29	2330170128	王慧	女	17计科本1	15607109220
30	2330170129	吕思辰	女	17计科本1	15607111728

图 4.6 "学生花名册"效果图

（3）边框格式化时，如果需要对边框颜色和样式进行设置，应该先在"线条"列表中选择边框的样式和颜色，再选择边框设置方式。

（4）数字格式化时，在"类型"列表框中，已经有许多的格式代码，如果用户先在"分类"列表中选定一个内置的数字格式，然后再选定"自定义"项，就能够在"类型"文本框中看到与之对应的格式代码。在原有格式代码的基础上进行修改，能够更快速地得到自己的自定义格式代码。

（5）在 Excel 中，列的宽度不会像行高一样自动随着字体变大而进行调整。如果输入过长的文本，文本会自动延伸到相邻的单元格，如果相邻的单元格非空，过长的文本将被截掉。如果输入过长的数值，将会用科学记数法显示。因此，必须根据具体情况调整列宽。

（6）在整个操作过程中，一定要随时保存，避免突然断电等原因造成的损失。

实验 2　Excel 2010 的数据处理与图表制作

一、实验目的

(1) 掌握 Excel 2010 中公式与函数的使用方法。

(2) 掌握数据清单的排序、筛选、分类汇总等操作方法。

(3) 掌握数据透视表的操作方法。

(4) 掌握工作表打印的页面设置方法。

二、实验内容与步骤

利用 Excel2010 制作某公司每月的工资表,对数据首先进行导入,在导入后,对数据表格进行处理,汇总出各部门的平均工资,使用数据透视表进行数据分析,得到不同职称的具体工资情况。

任务 1　创建工资表

【任务描述】

本任务完成工资表设计、格式优化和数据的输入。

【方法与步骤】

(1) 启动 Excel 2010,新建一个工作簿文件,命名为"××公司工资表.xlsx"。

(2) 工资表的格式设置如下。

① 设置纸张为 B5,方向为横向,页边距均为 2 厘米。

② 设置标题字号为 18,字体为黑体,对齐选择合并单元格,垂直、水平均居中。

③ 设置各列宽度均为 9。

④ 设置表头文字的格式:12 号常规楷体,垂直与水平居中,行高 23,底纹为 15% 灰色。

⑤ 设置表中所有文字水平居中,所有数字水平右对齐,垂直均居中。

参照图 4.7 录入数据,按照上述格式要求操作后的工资表如图 4.8 所示,格式化表单不是本节的重点,设置过程在此不再详述。

任务 2　计算工资表项目

【任务描述】

本任务完成工资的计算,有两种方法进行工资计算,第一种方法是使用函数进行计算;第二种方法是利用公式。

	A	B	C	D	E	F	G	H	I	J	K
1	××公司工资表										
2	职工编号	姓名	性别	部门	职位	基本工资	职务津贴	补贴	应发工资	扣款	实发工资
3	XX-001	王征	男	销售部	经理	1500	800	800		50	
4	XX-004	于冬松	男	销售部	科长	1300	500	500			
5	XX-003	朱东旭	男	销售部	职员	1000	200	500			
6	XX-002	石允哲	男	销售部	职员	1000	200	500			
7	XX-005	陈斐然	女	销售部	职员	1000	200	500			
8	XX-016	尹佳星	女	财务部	经理	1500	800	800		100	
9	XX-010	韩建敏	女	财务部	职员	800	200	400			
10	XX-008	刘海峰	男	财务部	职员	800	200	400			
11	XX-009	殷俊	女	生产部	经理	1500	800	800		50	
12	XX-011	杨晓娟	女	生产部	科长	1400	500	600			
13	XX-017	陈瑞霞	女	生产部	职员	900	200	600			
14	XX-012	朱莉	女	生产部	职员	900	200	600			

图 4.7　工资表原始数据

	A	B	C	D	E	F	G	H	I	J	K
1	××公司工资表										
2	职工编号	姓名	性别	部门	职位	基本工资	职务津贴	补贴	应发工资	扣款	实发工资
3	XX-001	王征	男	销售部	经理	1500	800	800		50	
4	XX-002	石允哲	男	销售部	职员	1000	200	500			
5	XX-005	陈斐然	女	销售部	职员	1000	200	500			
6	XX-008	刘海峰	男	财务部	职员	800	200	400			
7	XX-009	殷俊	女	生产部	经理	1500	800	800		50	
8	XX-010	韩建敏	女	财务部	职员	800	200	400			
9	XX-011	杨晓娟	女	生产部	科长	1400	500	600			
10	XX-012	朱莉	女	生产部	职员	900	200	600			
11	XX-013	朱东旭	男	销售部	职员	1000	200	500			
12	XX-014	于冬松	男	销售部	科长	1300	500	500			
13	XX-016	尹佳星	女	财务部	经理	1500	800	800		100	
14	XX-017	陈瑞霞	女	生产部	职员	900	200	600			

图 4.8　格式处理后的工资表

【方法与步骤】

1. 使用函数计算应发工资

应发工资＝基本工资＋职务津贴＋补贴。这里用到求和函数 SUM，操作步骤如下。

（1）选取单元格 I3，切换到"公式"选项卡，选择"插入函数"命令或者直接单击"编辑栏"中的"插入函数"按钮 f_x，在"插入函数"对话框中选择 SUM 函数，如图 4.9 所示。

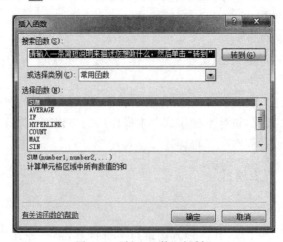

图 4.9　"插入函数"对话框

（2）单击 Number1 右边的 ![按钮] 按钮切换到 Excel 的工作表界面，选定单元格区域 F3：H3，单击 ![按钮] 按钮返回到图 4.10，单击"确定"按钮，计算结果将会自动填入指定的单元格中；或在 Number1 文本框中输入起止的单元格名，注意中间用冒号隔开（F3：H3），然后单击"确定"按钮。

图 4.10 "函数参数"对话框

（3）单击 I3 单元格，将鼠标指针移动到单元格右下方的填充柄上，鼠标指针变成黑色十字形状时，按住鼠标左键并向下拖动至 I14 单元格，完成其他单元格的计算。

对于公式应用比较熟悉时，可以直接在 I3 单元格中输入函数"＝SUM(F3：H3)"。

2. 使用公式计算实发工资

利用公式计算实发工资，实发工资＝应发工资－扣款。操作步骤如下。

（1）在工作表中选择 K3 单元格，输入"＝"号，表示开始进行公式输入。

（2）单击 I3 单元格，输入"－"，再单击 J3 单元格，按 Enter 键（或单击编辑栏中的 ✓ 按钮）。也可以直接输入公式"＝I3－J3"。

（3）单击 K3 单元格，将鼠标指针移动到单元格右下方的填充柄上，鼠标指针变成黑色十字形状时，按住鼠标左键并向下拖动至 K14 单元格，完成公式的复制。

任务3 编辑各部门收支表

【任务描述】

本任务需要对各个部门的情况分开来完成工资的处理，按照部门进行排序后分至其他工作表中。

【方法与步骤】

1. 数据排序

当某些数据要按一列或一行中的相同值进行分组，然后将对该组相等值中的另一列或另一行排序时，可能要按多个列或行进行排序。本例中，有一个"部门"列和一个"职位"

列,先按"部门"进行排序,将同一个部门中的所有人员组织起来,然后按照"职位"排序,将每个部门内的相同职位人员按字母顺序排列。操作步骤如下。

(1)选择"A3:K14"区域。

(2)在"数据"选项卡的"排序和筛选"组中,单击"排序",将显示"排序"对话框。

(3)单击"添加条件"按钮,增加"次要关键字"。

(4)在"列"下的"排序依据"框中,选择要排序的第一列。设置主要关键字为"部门";次要关键字为"职位",如图4.11所示。

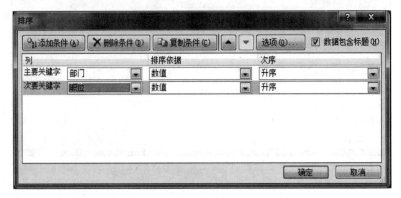

图4.11 "排序"对话框

(5)在"排序依据"下,选择排序类型为"数值"。

(6)在"次序"下,选择排序方式为"升序"。

2. 工作表的基本操作

排序完成后,将各个部门的情况分别复制到其他工作表中,并建立各部门的信息表。

(1)选中排序之后的工资表标签,按住鼠标左键同时按住Ctrl键进行拖动,进行工作表的复制,将工资表复制3份。

(2)双击工作表标签,修改工作表的名称,将复制的3个工作表依次重命名为"财务部""生产部"和"销售部"。

(3)在各个部门的工作表中,删除其他部门的信息。例如,财务部的信息表如图4.12所示。

	A	B	C	D	E	F	G	H	I	J	K
1	××公司工资表										
2	职工编号	姓名	性别	部门	职位	基本工资	职务津贴	补贴	应发工资	扣款	实发工资
3	××-016	尹佳星	女	财务部	经理	1500	800	800	3100	100	3000
4	××-008	刘海峰	男	财务部	职员	800	200	400	1400		1400
5	××-010	韩建敬	女	财务部	职员	800	200	400	1400		1400

计算工资 / 部门工资排序 / 财务部 / 生产部 / 销售部

图4.12 财务部信息表

任务 4　分析该公司的工资水平

【任务描述】

本任务应用 Excel 2010 的自动筛选和高级筛选,分析该公司的工资水平。

【方法与步骤】

1. 自动筛选

应用自动筛选,分析各职位的收入情况,操作步骤如下。

(1) 复制工资表,将复制的工作表重命名为"自动筛选"。

(2) 选定要筛选的数据清单。

(3) 在"数据"选项卡上"排序和筛选"选项组中,单击"筛选"选项,系统将在列位旁边添加筛选条件下拉框,如图 4.13 所示。

图 4.13　自动筛选

(4) 在所需字段的下拉列表中通过选择值或搜索进行筛选,在启用了筛选功能的列中单击箭头时,该列中的所有值都会显示在列表中,如图 4.14 所示。

图 4.14　设置自动筛选的下拉列表

(5) 只勾选"经理"复选框,查看职位为"经理"的收入情况,如图 4.15 所示。相同的方法也可以查看其他职位的收入情况。

	A	B	C	D	E	F	G	H	I	J	K
1	××公司工资表										
2	职工编号	姓名	性别	部门	职位	基本工资	职务津贴	补贴	应发工资	扣款	实发工资
3	××-001	王征	男	销售部	经理	1500	800	800	3100	50	3050
7	××-009	殷俊	女	生产部	经理	1500	800	800	3100	50	3050
13	××-016	尹佳星	女	财务部	经理	1500	800	800	3100	100	3000

图 4.15　自动筛选结果

2. 高级筛选

在进行高级筛选之前,必须要为数据清单建立一个条件区域,条件区域用于定义筛选必须满足的条件,其首行必须包含与数据清单中完全相同的列表,可以包含一个列标,也可以包含两个列标,甚至包含数据清单中的全部列标。高级筛选的难点在于条件区域的建立,本例建立的条件如图 4.16 所示,放在了区域 A16:B17。

职位	实发工资
职员	<1500

图 4.16　筛选条件

应用高级筛选,查看收入在 1 500 元以下的职员名单,操作步骤如下。

(1) 复制工资表,将复制的工作表重命名为"高级筛选"。

(2) 单击区域 A2:K14 的任意一个单元格。

(3) 在"数据"选项卡上"排序和筛选"组中,单击"高级",弹出"高级筛选"对话框。

(4) 通过将符合条件的数据复制到工作表的其他位置来筛选列表区域,选择"将筛选结果复制到其他位置"单选按钮,然后在"复制到"框中单击鼠标左键,再单击要在该处粘贴的区域的左上角＄Ａ＄20。

(5) 在"条件区域"框中,输入条件区域的引用＄Ａ＄16:$B$17,如图 4.17 所示。

图 4.17　"高级筛选"对话框

(6) 高级筛选结果如图 4.18 所示。

职位	实发工资									
职员	<1500									
职工编号	姓名	性别	部门	职位	基本工资	职务津贴	补贴	应发工资	扣款	实发工资
××-008	刘海峰	男	财务部	职员	800	200	400	1400		1400
××-010	韩建敏	女	财务部	职员	800	200	400	1400		1400

图 4.18　高级筛选结果

任务 5　制作各职位工资分类汇总表(职位平均工资)

【任务描述】

本任务通过案例学习数据表中分类汇总的方法。

【方法与步骤】

1．简单汇总

简单汇总是指对数据清单的某个字段仅做一种方式的汇总。例如,统计每个职位的平均工资,操作步骤如下。

(1) 复制工资表,将复制的工作表重命名为"简单汇总"。

(2) 选择数据清单区域 A2:K14,按照主要关键字"职位"进行排序操作。

(3) 在"数据"选项卡上的"分级显示"组中,单击"分类汇总",打开"分类汇总"对话框。在"分类字段"框中,单击要分类汇总的列"职位";在"汇总方式"框中,单击要用来计算分类汇总的汇总方式"平均值";在"选定汇总项"框中,对于包含要计算分类汇总的值的列"实发工资",选中其复选框,如图 4.19 所示。

图 4.19　简单分类汇总

(4) 如果想要按每个分类汇总自动分页,选中"每组数据分页"复选框。

(5) 如果要指定汇总位于明细行的下面,选中"汇总结果显示在数据下方"复选框。简单分类汇总结果,按 2 级显示如图 4.20 所示,详细显示如图 4.21 所示。

		A	B	C	D	E	F	G	H	I	J	K
	1	××公司工资表										
	2	职工编号	姓名	性别	部门	职位	基本工资	职务津贴	补贴	应发工资	扣款	实发工资
	10					职员 平均值						1614
	13					科长 平均值						2400
	17					经理 平均值						3033
	18					总计平均值						2100

图 4.20　简单分类汇总结果(一)

2．多级分类汇总

分析各部门各职位的平均工资水平,要用到多级分类汇总。具体操作步骤如下。

(1) 复制工资表,将复制的工作表重命名为"多级分类汇总"。

(2) 选择数据清单区域 A2:K14,按照主要关键字"部门",次要关键字"职位"进行排序操作,如图 4.22 所示。

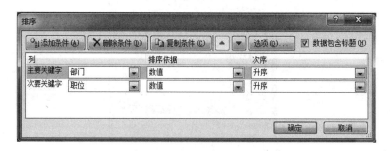

1 2 3		A	B	C	D	E	F	G	H	I	J	K
	1						**XX公司工资表**					
	2	职工编号	姓名	性别	部门	职位	基本工资	职务津贴	补贴	应发工资	扣款	实发工资
	3	XX-002	石允哲	男	销售部	职员	1000	200	500	1700		1700
	4	XX-005	陈斐然	女	销售部	职员	1000	200	500	1700		1700
	5	XX-008	刘海峰	男	财务部	职员	800	200	400	1400		1400
	6	XX-010	韩建敏	女	财务部	职员	800	200	400	1400		1400
	7	XX-012	朱莉	女	生产部	职员	900	200	600	1700		1700
	8	XX-013	朱东旭	男	销售部	职员	1000	200	500	1700		1700
	9	XX-017	陈瑞霞	女	生产部	职员	900	200	600	1700		1700
	10					职员 平均值						1614
	11	XX-011	杨晓娟	女	生产部	科长	1400	500	600	2500		2500
	12	XX-014	于冬松	男	销售部	科长	1300	500	500	2300		2300
	13					科长 平均值						2400
	14	XX-001	王征	男	销售部	经理	1500	800	800	3100	50	3050
	15	XX-009	殷俊	女	生产部	经理	1500	800	800	3100	50	3050
	16	XX-016	尹佳星	女	财务部	经理	1500	800	800	3100	100	3000
	17					经理 平均值						3033
	18					总计平均值						2100

图 4.21　简单分类汇总结果(二)

图 4.22　分类汇总前的排序

(3) 重复简单分类汇总的步骤(3)和步骤(5)。

(4) 再次打开"分类汇总"对话框。在"分类字段"框中,单击要分类汇总的列"部门";在"汇总方式"框中,单击要用来计算分类汇总的汇总方式"平均值";在"选定汇总项"框中,对于包含要计算分类汇总的值的列"实发工资",选中其复选框;并取消选择"替换当前分类汇总"复选框,如图 4.23 所示。

图 4.23　再次设置分类汇总

（5）单击"确定"按钮。嵌套分类汇总结果按 3 级显示，如图 4.24 所示。

图 4.24　多级分类汇总结果

任务 6　生成职位平均工资图表

【任务描述】

本任务通过案例学习 Excel 中图表的建立与编辑方法。

简单分类汇总后，可以看到各职位的平均工资，在此基础上，利用数据完成一张二维柱状图表，并通过添加数据标志可以更直观地看出各职位的收入水平。

【方法与步骤】

1. 基本图表

（1）选择包含要用于图表的数据单元格区域＄E＄10，＄E＄13，＄E＄17，＄E＄18，＄K＄10，＄K＄13，＄K＄17，＄K＄18，对于图 4.21 简单分类汇总结果（二），是一个不连续单元格的选择。

（2）在"插入"选项卡上的"图表"选项组中，单击"图表类型"，然后单击要使用的图表子类型，选择"二维柱形图"中的"簇状柱形图"，如图 4.25 所示。

2. 更改图表的布局或样式

（1）在"设计"选项卡上的"图表布局"选项组中，单击"布局 1"，应用预定义的图表布局。

（2）在"设计"选项卡上的"图表样式"选项组中，单击"样式 6"，应用预定义的图表样式。

3. 添加图表标题

（1）在"布局"选项卡上的"标签"选项组中，单击"图表标题"。

（2）单击"图表上方"，如图 4.26 所示。

（3）在图表中显示的"图表标题"文本框中输入所需的文本"××公司各职位平均工资分析表"。

（4）若要设置文本的格式，选择文本，然后在浮动工具栏上单击所需的格式选项。

图 4.25　选择图表类型

图 4.26　设置图表标题

4．添加坐标轴标题

（1）在"布局"选项卡上的"标签"选项组中，单击"坐标轴标题"。

（2）向主要横（分类）坐标轴添加标题，单击"主要横坐标轴标题"；向主要纵（值）坐标轴添加标题，单击"主要纵坐标轴标题"。

（3）在图表中显示的"坐标轴标题"文本框中输入所需的文本，X轴标题为"职位"，Y轴标题为"平均工资"。

5．添加数据标签

在"布局"选项卡上的"标签"选项组中，单击"数据标签"→"数据标签外"。

6．显示或隐藏图例

（1）在"布局"选项卡上的"标签"选项组中，单击"图例"。

（2）单击"无"隐藏图例。

7．显示或隐藏图标坐标轴或网格线

（1）在"布局"选项卡上的"坐标轴"选项组中，单击"坐标轴"。

（2）单击"主要横坐标轴"，选择"显示从左向右坐标轴"。

（3）单击"主要纵坐标轴"，选择"显示默认坐标轴"。

在"布局"选项卡上的"坐标轴"选项组中，单击"网格线"，选择"无"。

8．移动图表或调整图表的大小

默认情况下，图表作为嵌入图表放在工作表上，如果要将图表放在单独的图表工作表中，则可以通过执行下列操作更改其位置。

（1）在"设计"选项卡上的"位置"选项组中，单击"移动图表"。

（2）在"选择放置图表的位置"下，执行下列操作之一。

① 若要将图表显示在图表工作表中，单击"新工作表"。

② 若要将图表显示在工作表中的嵌入图表，单击"对象位于"，然后在"对象位于"框中单击工作表。

若要调整图表的大小，单击图表，然后拖动尺寸控制点，将其调整为所需大小。或者在"格式"选项卡上的"大小"组中，在"形状高度"和"形状宽度"框中输入尺寸。

本例选择嵌入图表方式，通过鼠标拖动直接调整大小，创建出来的图表如图 4.27 所示。

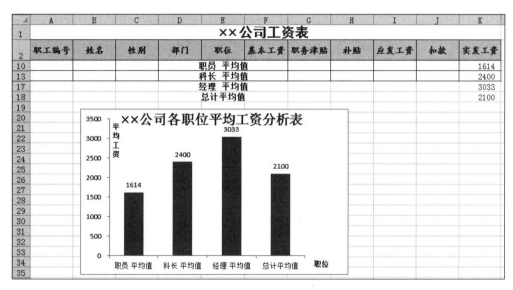

图 4.27　各职位平均工资分析图表

任务 7　使用数据透视表

【任务描述】

本任务通过案例学习数据透视表的使用方法。

【方法与步骤】

如果要分析相关的汇总值，尤其是在要合计较大的列表并对每个数字进行多种比较时，可以使用数据透视表。数据透视表是交互式的，因此，可以更改数据的视图以查看更多明细数据或计算不同的汇总额。

在数据透视表中，源数据中的每列或字段都成为汇总多行信息的数据透视表字段。

创建数据透视表的具体步骤如下。

（1）为数据透视表定义源数据。若要将工作表数据用作源数据，请单击包含该数据的单元格区域内的一个单元格，如单击单元格 A3。

（2）在"插入"选项卡的"表"选项组中，单击"数据透视表"选项。

（3）在"创建数据透视表"对话框中，选中"选择一个表或区域"单选按钮，然后在"表/区域"框中验证单元格区域，如图4.28所示。

图4.28 "创建数据透视表"对话框

（4）若要将数据透视表放置在新工作表中，并以单元格A1为起始位置，选择"新工作表"单选按钮。若要将数据透视表放在现有工作表中的特定位置，选择"现有工作表"单选按钮，然后在"位置"框中指定放置数据透视表的单元格区域的第一个单元格，本例中单击单元格A16。

（5）单击"确定"按钮，Excel创建了一个空的数据透视表，如图4.29所示。

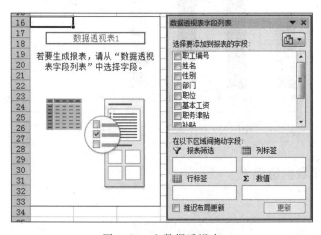

图4.29 空数据透视表

（6）向数据透视表添加字段。

若要将字段放置到布局部分的特定区域中，请在字段部分右击相应的字段名称，然后选择"添加到报表筛选""添加到列标签""添加到行标签"或"添加到值"。若要将字段拖放到所需的区域，请在字段部分单击并拖住相应的字段名称，然后将它拖到布局部分中的所需区域中。

把报表字段中的"部门"字段拖动到"列标签"，把"职位"字段拖动到"行标签"，把"实发工资"字段拖动到"数值"，如图4.30所示。

（7）改变汇总方式。

单击"求和项"字段，在弹出的列表中选择"值字段设置"，弹出"值字段设置"对话框，

16	求和项:实发工资	列标签			
17	行标签	经理	科长	职员	总计
18	财务部	3000		2800	5800
19	生产部	3050	2500	3400	8950
20	销售部	3050	2300	5100	10450
21	总计	9100	4800	11300	25200

图 4.30　数据透视表初步结果

在对话框的"值汇总方式"下拉列表中选择"平均值",如图 4.31 所示。

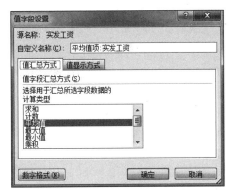

图 4.31　"值字段设置"对话框

单击"确定"按钮,数据透视表的最终结果如图 4.32 所示。本例中所有数据均以整数显示,在数据透视表中增加了边框线。

16	平均值项:实发工资	列标签			
17	行标签	经理	科长	职员	总计
18	财务部	3000		1400	1933
19	生产部	3050	2500	1700	2238
20	销售部	3050	2300	1700	2090
21	总计	3033	2400	1614	2100

图 4.32　数据透视表的最终结果

通过数据透视表可以新创建数据透视图,数据透视图中的图表示动态图表,会随着选择的数据而进行变动,如图 4.33 所示。

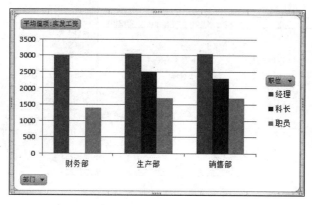

图 4.33　数据透视图

三、实验总结

（1）使用公式计算时,输入公式必须以"＝"开头,且列标的字母不区分大小写。

（2）"公式的应用"部分中所使用的"自动填充"功能体现的是单元格的相对引用,注意相对引用与绝对引用的区别。例如,在 D4 单元格内输入公式"＝C3＋＄A＄5",再把公式复制到 E7 单元格中,则在 E7 单元格内的公式实际上是"＝D6＋＄A＄5"。

（3）在使用函数的过程中,在 Number 1 文本框中输入起止单元格名中间用冒号隔开,例如 B2:F2。

（4）Excel 对排序遵循以下原则。

① 如果按某一列进行排序,在该列上有完全相同项的行将保持原有的次序不变。

② 隐藏行不会被移动。

③ 对于特定列的内容,Excel 根据下列顺序进行递增排序：数字、文字和包含数字的文字(如产品编号、型号等)、逻辑值、错误值、空白单元格。

（5）在建立分类汇总前,必须对分类字段进行排序,以保证分类字段值相同的记录排在一起。

综合实训　学生成绩表的制作及分析

一、实验目的

（1）掌握 Excel 的排版方式。

（2）掌握公式计算的应用。

(3) 掌握 SUM、AVERAGE、COUNTIF、IF、RANK 等函数的使用。

(4) 掌握公式和函数混用的方法。

二、实训内容与步骤

使用数据记录单的方式，录入学生的成绩，计算平均分，完成后按照成绩的平均分进行排序，并对学生的成绩进行评价。学生成绩表及分析效果如图 4.34 所示。

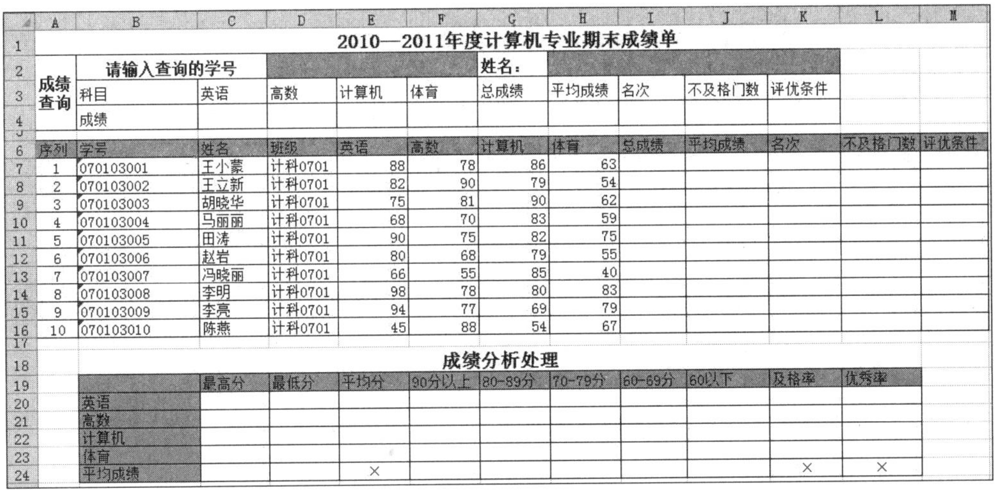

	A	B	C	D	E	F	G	H	I	J	K	L	M
1	2010—2011年度计算机专业期末成绩单												
2	成绩查询	请输入查询的学号					姓名：						
3		科目	英语	高数	计算机	体育	总成绩	平均成绩	名次	不及格门数	评优条件		
4		成绩											
5													
6	序列	学号	姓名	班级	英语	高数	计算机	体育	总成绩	平均成绩	名次	不及格门数	评优条件
7	1	070103001	王小蒙	计科0701	88	78	86	63					
8	2	070103002	王立新	计科0701	82	90	79	54					
9	3	070103003	胡晓华	计科0701	75	81	90	62					
10	4	070103004	马丽丽	计科0701	68	70	83	59					
11	5	070103005	田涛	计科0701	90	75	82	75					
12	6	070103006	赵岩	计科0701	80	68	79	55					
13	7	070103007	冯晓丽	计科0701	66	55	85	40					
14	8	070103008	李明	计科0701	98	78	80	83					
15	9	070103009	李亮	计科0701	94	77	69	79					
16	10	070103010	陈燕	计科0701	45	88	54	67					
17													
18		成绩分析处理											
19			最高分	最低分	平均分	90分以上	80-89分	70-79分	60-69分	60以下	及格率	优秀率	
20		英语											
21		高数											
22		计算机											
23		体育											
24		平均成绩			×						×	×	

图 4.34　学生成绩单及分析

任务 1　数据记录单的使用

【任务描述】

通过案例学习数据记录单的使用。

【方法与步骤】

数据清单是 Excel 2010 工作表中单元格构成的矩形区域，即一张二维表，也称为数据列表，比如一张成绩单，可以包含序号、姓名、班级、各科成绩等。为了方便编辑数据清单中的数据，Excel 2010 提供了数据记录单的功能，数据记录单可以在数据清单中一次输入或显示一个完整的记录行，即一条记录的内容，还可以方便地查找、添加、修改及删除数据清单中的记录。利用记录单输入，不容易出错，而且省掉了来回切换光标的麻烦。

1. 在快速访问工具栏中添加“记录单”命令

单击“文件”选项卡中的“选项”按钮，在弹出的“Excel 选项”对话框中，单击快速访问工具栏中的“不在功能区中的命令”，在下拉列表中找到“记录单”命令，然后单击“添加”按钮，将它添加到快速访问工具栏中，如图 4.35 所示。

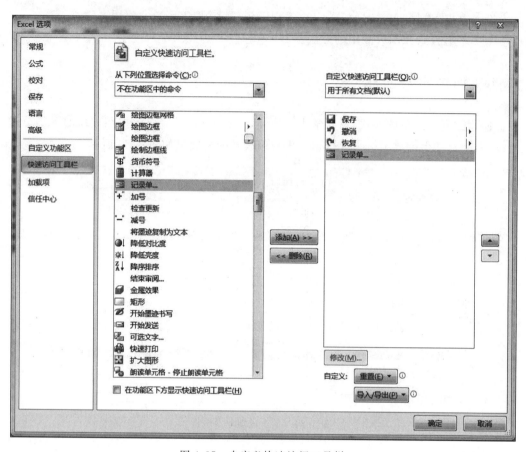

图 4.35　自定义快速访问工具栏

2. 编辑记录

利用数据记录单能够编辑任意指定的记录,修改记录中的某些内容,还可以增加或删除记录。

1) 增加记录

如果要在数据列表中增加一条记录,可单击"记录单"对话框中的"新建"按钮,对话框中出现一个空的记录单,在各字段的文本框中输入数据。在输入过程中按 Tab 键将光标插入点移到下一字段,按 Shift+Tab 组合键将光标插入点移到上一字段,单击"新建"按钮,继续增加新记录。

本例中,在 E 盘建立一个 Excel 文件,工作簿名称为"2010 年度第一学期成绩表. xlsx",将该工作簿中的 Sheet 1 工作表重命名为"计算机专业期末成绩单"。然后在表格的第一行输入如图 4.36 所示的列标,然后单击快速访问工具栏上的"记录单"按钮,在弹出的"计算机专业期末成绩单"对话框中,对应各字段的文本框输入数据,增加记录。

2) 删除记录

当要删除某条记录时,可先找到该记录,然后单击"删除"按钮,弹出"警告"对话框,让用户进一步确认操作。

图 4.36　增加记录

3）修改记录

如果要在记录单中修改记录,可先找到该记录,然后直接在文本框中修改。

3. 查找记录

（1）数据录入完成后,单击数据表中任意单元格,单击快速访问工具栏上的"记录单"命令,弹出"记录单"对话框。

（2）在"记录单"对话框中单击"条件"按钮,弹出"条件"对话框输入查找条件,如图 4.37 所示。在查找过程中,条件表达式可以使用＞、＜、＝、＜＝、＞＝、＜＞等运算符号。

（3）按 Enter 键或单击"记录单"按钮,查找到一条记录,如图 4.38 所示,单击"下一条"或"上一条"按钮继续查找满足条件的记录,本例中共有三条记录满足条件。

图 4.37　输入查找条件

	A	B	C	D	E	F
1	序列	学号	姓名	班级	英语	高数
2	1	070103001	王小蒙	计科0701	88	78
3	2	070103002	王立新	计科0701	82	90
4	3	070103003	胡晓华	计科0701	75	81
5	4	070103004	马丽丽	计科0701	68	70
6	5	070103005	田涛	计科0701	90	75
7	6	070103006	赵岩	计科0701	80	68
8	7	070103007	冯晓丽	计科0701	66	55
9	8	070103008	李明	计科0701	98	78
10	9	070103009	李亮	计科0701	94	77
11	10	070103010	陈燕	计科0701	45	88
12						
13						
14						
15						
16						

图 4.38　查找记录结果

任务 2 成绩分析处理

【任务描述】

本部分的主要任务是根据如图 4.34 所示的学生成绩单,利用公式求出空白项目的内容。

【方法与步骤】

(1) 计算总成绩:在单元格 I7 中输入函数＝SUM(E7:H7),复制函数到 I8:I16,如图 4.39 所示。

序列	学号	姓名	班级	英语	高数	计算机	体育	总成绩	平均成绩	名次	不及格门数	评优条件
1	070103001	王小蒙	计科0701	88	78	86	63	315				
2	070103002	王立新	计科0701	82	90	79	54	305				
3	070103003	胡晓华	计科0701	75	81	90	62	308				
4	070103004	马丽丽	计科0701	68	70	83	59	280				
5	070103005	田涛	计科0701	90	75	82	75	322				
6	070103006	赵岩	计科0701	80	68	79	55	282				
7	070103007	冯晓丽	计科0701	66	55	85	40	246				
8	070103008	李明	计科0701	98	78	80	83	339				
9	070103009	李亮	计科0701	94	77	69	79	319				
10	070103010	陈燕	计科0701	45	88	54	67	254				

图 4.39 计算总成绩的结果

(2) 计算平均成绩:在单元格 J7 中输入函数＝AVERAGE(E7:H7),复制函数到 J8:J16 区域。要求平均成绩保留整数,可在"设置单元格格式"对话框中,将小数位数设置为 0,也可以在单元格 J7 中直接输入公式＝ROUND(AVERAGE(E7:H7),0)进行计算。

(3) 计算名次:在单元格 K7 中,输入函数＝RANK(J7,$J$7:$J$16,0),复制函数到 K8:K16 区域,函数输入过程如图 4.40 所示,计算名次的数据范围需要绝对引用。

图 4.40 输入 RANK 函数

要求统计出每位同学的不及格(60 分以下)科数,并把不及格的学科用红色凸显出来。

(4) 统计不及格科数:单击单元格 L7,输入函数＝COUNTIF(E7:H7,"<60"),复制函数到 L8:L16 区域,即可得到每位同学的不及格科数。

(5) 条件格式凸显不及格成绩。

条件格式是指当指定条件为真时,Excel 自动应用于单元格的格式,例如单元格底纹或字体颜色。条件格式功能将显示出部分数据,并且这种格式是动态的,如果改变其中的数值,格式会自动调整。如某张工作表中有一些数据,为了突出部分满足条件的数,可利用条件格式得到显示。

① 选择要设置条件格式的数据区域 E7:H16。

② 在"开始"选择卡上的"样式"选项组中,单击"条件格式"旁边的箭头,然后单击"管理规则"选项,弹出"条件格式规则管理器"对话框,如图 4.41 所示。

图 4.41　设置"条件格式规则管理器"

③ 单击"新建规则"按钮,弹出"新建格式规则"对话框,如图 4.42 所示进行设置。单击"只为包含以下内容的单元格设置格式",在"编辑规则说明"中,设置"单元格值""小于""60";单击"格式"按钮,设置字形为"加粗",颜色为"红色"。单击"确定"按钮,返回到如图 4.42 所示的结果。

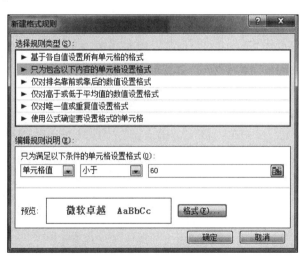

图 4.42　设置"新建格式规则"

(6) 评优条件。

在单元格 M7 中判断出是否符合评优条件:输入函数＝IF(J7＞＝85,"优秀,评优",IF(J7＞＝75,"良好",IF(J7＞＝60,"及格",IF(J7＜60,"不及格")))),复制函数到M8:M16 区域,如图 4.43 所示。

		2010—2011年度计算机专业期末成绩单										
成绩查询	请输入查询的学号				姓名：							
	科目	英语	高数	计算机	体育	总成绩	平均成绩	名次	不及格门数	评优条件		
	成绩											
序列	学号	姓名	班级	英语	高数	计算机	体育	总成绩	平均成绩	名次	不及格门数	评优条件
1	070103001	王小蒙	计科0701	88	78	86	63	315	79	4	0	良好
2	070103002	王立新	计科0701	82	90	79	54	305	76	6	1	良好
3	070103003	胡晓华	计科0701	75	81	90	62	308	77	5	0	良好
4	070103004	马丽丽	计科0701	68	70	83	59	280	70	8	1	及格
5	070103005	田涛	计科0701	90	75	82	75	322	81	2	0	良好
6	070103006	赵岩	计科0701	80	68	79	55	282	71	7	1	及格
7	070103007	冯晓丽	计科0701	66	55	85	40	246	62	10	2	及格
8	070103008	李明	计科0701	98	78	80	83	339	85	1	0	优秀，评优
9	070103009	李亮	计科0701	94	77	69	79	319	80	3	0	良好
10	070103010	陈燕	计科0701	45	88	54	67	254	64	9	2	及格

图 4.43　计算评优的结果

（7）最高分、最低分和平均分。

① 单击单元格 C20 计算英语最高分，输入函数＝MAX(E7：E16)；在单元格 C21 中计算数学最高分，输入函数＝MAX(F7：F16)；在单元格 C22 中计算计算机最高分，输入函数＝MAX(G7：G16)；在单元格 C23 中计算体育最高分，输入函数＝MAX(H7：H16)；在单元格 C24 中计算平均成绩最高分，输入函数＝MAX(J7：J16)。

② 单击单元格 D20，计算英语最低分，输入函数＝MIN(E7：E16)；在单元格 D21 中计算数学最低分，输入函数＝MIN(F7：F16)；在单元格 D22 中计算计算机最低分，输入函数＝MIN(G7：G16)；在单元格 D23 中计算体育最低分，输入函数＝MIN(H7：H16)；在单元格 D24 中计算平均成绩最低分，输入函数＝MIN(J7：J16)。

③ 单击单元格 E20，计算英语平均分，输入函数＝AVERAGE(E7：E16)；在单元格 E21 中计算数学平均分，输入函数＝AVERAGE(F7：F16)；在单元格 E22 中计算计算机平均分，输入函数＝AVERAGE(G7：G16)；在单元格 E23 中计算体育平均分，输入函数＝AVERAGE(H7：H16)。

（8）统计各分数段人数。

以统计英语成绩各分数段的人数为例，操作步骤如下。

① 60 分以下人数：单击单元格 J20，输入函数＝COUNTIF(E7：E16,"＜60")。

② 60～69 分人数：单击单元格 I20，输入函数＝COUNTIF(E7：E16,"＜70")－J20。

③ 70～79 分人数：单击单元格 H20，输入函数＝COUNTIF(E7：E16,"＜80")－J20－I20。

④ 80～89 分人数：单击单元格 G20，输入函数＝COUNTIF(E7：E16,"＜90")－J20－I20－H20。

⑤ 90 分以上人数：单击单元格 F20，输入公式＝COUNTIF(E7：E16,"＞＝90")。

其他各科分数段人数的统计，参照上述方法即可。

（9）及格率和优秀率。

以统计英语成绩及格率和优秀率为例，操作步骤如下。

① 单击单元格 K20，输入函数＝COUNTIF(E7：E16,"＞＝60")/COUNT(E7：E16)，及格率以百分比显示，保留两位小数。

② 单击单元格 L20,输入函数＝COUNTIF(E7：E16,"＞＝90")/COUNT(E7：E16),优秀率以百分比显示,保留两位小数。

其他各科及格率和优秀率的统计,参照上述方法即可。成绩分析处理的结果如图 4.44 所示。

<table>
<tr><th colspan="12">成绩分析处理</th></tr>
<tr><th></th><th>最高分</th><th>最低分</th><th>平均分</th><th>90分以上</th><th>80~89分</th><th>70~79分</th><th>60~69分</th><th>60分以下</th><th>及格率</th><th>优秀率</th></tr>
<tr><td>英语</td><td>98</td><td>45</td><td>79</td><td>3</td><td>3</td><td>1</td><td>2</td><td>1</td><td>90.00%</td><td>30.00%</td></tr>
<tr><td>高数</td><td>90</td><td>55</td><td>76</td><td>1</td><td>2</td><td>5</td><td>1</td><td>1</td><td>90.00%</td><td>10.00%</td></tr>
<tr><td>计算机</td><td>90</td><td>54</td><td>79</td><td>1</td><td>5</td><td>2</td><td>1</td><td>1</td><td>90.00%</td><td>10.00%</td></tr>
<tr><td>体育</td><td>83</td><td>40</td><td>64</td><td>0</td><td>1</td><td>2</td><td>3</td><td>4</td><td>60.00%</td><td>0.00%</td></tr>
<tr><td>平均成绩</td><td>85</td><td>62</td><td>×</td><td>0</td><td>3</td><td>5</td><td>2</td><td>0</td><td>×</td><td>×</td></tr>
</table>

图 4.44 成绩分析处理结果

任务 3 成绩查询

【任务描述】

本任务通过案例学习 VLOOKUP 函数的使用。

【方法与步骤】

(1) 要求在单元格 D2 中输入学号时,自动在 H2 中显示学生姓名:在单元格 H2 中输入函数＝VLOOKUP(D2,B7：M16,2,FALSE),如图 4.45 所示。

<table>
<tr><td>H2</td><td colspan="2">fx</td><td colspan="8">=VLOOKUP(D2,B7:M16,2,FALSE)</td></tr>
<tr><td>A</td><td>B</td><td>C</td><td>D</td><td>E</td><td>F</td><td>G</td><td>H</td><td>I</td><td>J</td><td>K</td></tr>
<tr><td rowspan="3">1
2
3</td><td colspan="10">2010—2011年度计算机专业期末成绩单</td></tr>
<tr><td rowspan="3">成绩
查询</td><td colspan="2">请输入查询的学号</td><td colspan="2">070103004</td><td>姓名：</td><td colspan="4">马丽丽</td></tr>
<tr><td>科目</td><td>英语</td><td>高数</td><td>计算机</td><td>体育</td><td>总成绩</td><td>平均成绩</td><td>名次</td><td>不及格门数</td><td>评优条件</td></tr>
<tr><td>4</td><td>成绩</td><td></td><td></td><td></td><td></td><td></td><td></td><td></td><td></td><td></td></tr>
</table>

图 4.45 输入学号后自动显示姓名

(2) 用同样的方法输入学号后,自动显示英语等各项数据。

在单元格 C4 中输入函数＝VLOOKUP(D2,$B$7:$M$16,4,FALSE);在单元格 D4 中输入函数＝VLOOKUP(D2,$B$7:$M$16,5,FALSE),自动显示高数成绩;在单元格 E4 中输入函数＝VLOOKUP(D2,$B$7:$M$16,6,FALSE),自动显示计算机成绩;在单元格 F4 中输入函数＝VLOOKUP(D2,$B$7:$M$16,7,FALSE),自动显示体育成绩;在单元格 G4 中输入函数＝VLOOKUP(D2,$B$7:$M$16,8,FALSE),自动显示总成绩;在单元格 H4 中输入函数＝VLOOKUP(D2,$B$7:$M$16,9,FALSE),自动显示平均成绩;在单元格 I4 中输入函数＝VLOOKUP(D2,$B$7:$M$16,10,FALSE),自动显示名次;在单元格 J4 中输入函数＝VLOOKUP(D2,$B$7:$M$16,11,FALSE),自动显示不及格科数;在单元格 K4 中输入函数＝VLOOKUP(D2,$B$7:$M$16,12,FALSE),自动显示评优条件,函数输入完成后,结果如图 4.46 所示。

	2010—2011年度计算机专业期末成绩单											
成绩查询	请输入查询的学号		070103004			姓名:	马丽丽					
	科目	英语	高数	计算机	体育	总成绩	平均成绩	名次	不及格门数	评优条件		
	成绩	68	70	83	59	280	70	8	1	及格		
序列	学号	姓名	班级	英语	高数	计算机	体育	总成绩	平均成绩	名次	不及格门数	评优条件
1	070103001	王小蕾	计科0701	88	78	86	63	315	79	4	0	良好
2	070103002	王立新	计科0701	82	90	79	54	305	76	6	1	良好
3	070103003	胡晓华	计科0701	75	81	90	62	308	77	5	0	良好
4	070103004	马丽丽	计科0701	68	70	83	59	280	70	8	1	及格
5	070103005	田涛	计科0701	90	75	82	75	322	81	2	0	良好
6	070103006	赵岩	计科0701	80	68	79	55	282	71	7	1	良好
7	070103007	冯晓丽	计科0701	66	55	85	40	246	62	10	2	及格
8	070103008	李明	计科0701	98	78	80	83	339	85	1	0	优秀，评优
9	070103009	李亮	计科0701	94	77	69	79	319	80	3	0	良好
10	070103010	陈燕	计科0701	45	88	54	67	254	64	9	2	及格

图 4.46　输入完成函数得到的查询结果

任务 4　生成图表

【任务描述】

本任务根据成绩单创建饼形图图表。

【方法与步骤】

(1) 表中各项数据计算完成之后，即可制作直观的分数分布情况图表。在数据表中选择数据区域 F20:J20，在"插入"选项卡的"图表"功能区中单击右下角的向下箭头，弹出"插入图表"对话框，选择"饼图"中的"分离型三维饼图"选型，如图 4.47 所示；单击"确定"按钮，产生默认图表，如图 4.48 所示。

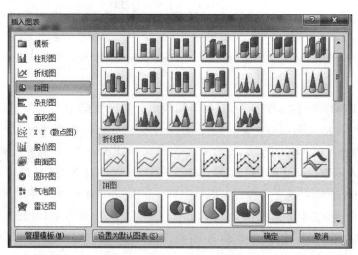

图 4.47　"插入图表"对话框

(2) 单击图表，在"图表工具 布局"选项卡的"标签"功能区上单击"图表标题"按钮，在下拉列表中选择"图表上方"选项，输入图表标题"英语各分数段分布图"。

(3) 单击图例，在"图表工具 布局"选项卡的"标签"功能区上单击"图例"按钮，在下拉列表中选择"在底部显示图例"选项。

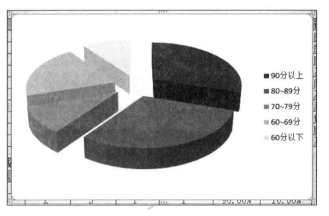

图 4.48　生成的默认图表

（4）在"图表工具 布局"选项卡的"标签"功能区上单击"数据标签"按钮，在下拉列表中选择"其他数据标签选项"按钮，弹出"设置数据标签格式"对话框，如图 4.49 所示。

图 4.49　"设置数据标签格式"对话框

（5）在"设置数据标签格式"对话框中选中"标签选项"组中的"百分比"复选框。

（6）在"图表工具 布局"选项卡的"标签"功能区上单击"数据标签"按钮，在下拉列表中选择"数据标签外"选项。

（7）格式化标题：选择标题"英语各分数段分布图"并右击，在快捷菜单中选择"字体"选项，设置参数后，单击"确定"按钮。

（8）在"图表工具 格式"选项卡的"形状样式"功能区上单击向下箭头，在下拉列表中选择"细微效果-橄榄色-强调颜色 3"选项，最终效果如图 4.50 所示。

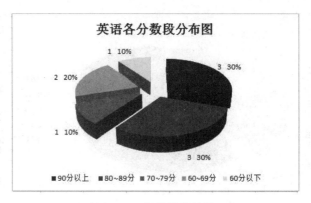

图 4.50　图表最终效果

三、实训总结

1. ROUND()函数

语法：ROUND(expression,decimalizations)

作用：返回指定位数进行四舍五入的数值。

参数：

expression：必选项。数值表达式被四舍五入。

decimalizations：可选项。数字表明小数点右边有多少位进行四舍五入。如果小数位数是负数，则 ROUND()返回的结果在小数点左端进行四舍五入；如果省略，则ROUND()函数返回整数。

2. RANK()函数

语法：RANK(number,ref,order)

其中，number 为需要找到排位的数字。ref 为数字列表数组或对数字列表的引用，ref 中的非数值型参数将被忽略。order 为一数字，指明排位的方式。如果 order 为 0(零)或省略，Microsoft Excel 对数字的排位是基于 ref 按照降序排列的列表；如果 order 不为零，Microsoft Excel 对数字的排位是基于 ref 按照升序排列的列表。

3. COUNTIF()函数

语法：COUNTIF(range,criteria)

作用：计算区域满足某个条件的单元格个数。其中，criteria 为确定哪些单元格被计算在内的条件，其形式可以为数字、表达式、单元格引用或文本。

4. COUNT()函数

语法：COUNT(value1,value2,value3,…)

作用：计算区域中包含数字单元格的个数。

5. IF()函数

语法：IF(logical_test,value_if_true,value_if_false)

参数：

logical_test 表示计算结果为 TRUE 或 FALSE 的任意值或表达式。

value_if_true 表示 logical_test 为 TRUE 时返回的值。

value_if_false 表示 logical_test 为 FALSE 时返回的值。

例如，将英语成绩的百分制分数转换成优（90～100 分）、良（80～90 分）、中（70～80 分）、及格（60～70 分）和不及格（低于 60 分）五个等级，可输入公式"＝IF(C2＞＝90,"优",IF(C2＞＝80,"良",IF(C2＞＝70,"中",IF(C2＞＝60,"及格","不及格"))))"，然后拖动自动填充柄将其复制到下方的几个单元格。其中文字要在半角状态下输入，标点符号要在英文状态下输入。

6．VLOOKUP()函数

语法：VLOOKUP(lookup_value,table_array,col_index_num,range_lookup)

参数：

lookup_value 为需要在数据表第一列中进行查找的数值，可以为数值、引用或文本字符串。

table_array 为需要在其中查找数据的数据表，使用对区域或区域名称的引用。

col_index_num 为 table_array 中待返回的匹配值的列序号。col_index_num 为 1 时，返回 table_array 第一列的数值，col_index_num 为 2 时，返回 table_array 第二列的数值，以此类推。

range_lookup 为一个逻辑值，指明函数 VLOOKUP 查找时是精确匹配，还是近似匹配。如果为 FALSE 或 0，则返回精确匹配；如果 range_lookup 为 TRUE 或 1，函数 VLOOKUP 将查找近似匹配值。

第5章

PowerPoint演示文稿

实验1 演示文稿的基本制作

一、实验目的

(1) 掌握 PowerPoint 演示文稿的建立、保存、关闭和打开的操作方法。

(2) 了解 PowerPoint 各个视图模式的应用。

(3) 掌握使用设计模板、幻灯片版式创建演示文稿的方法。

(4) 掌握使用背景及母版设置演示文稿外观的方法。

(5) 掌握在幻灯片中插入图片的方法。

(6) 掌握在幻灯片中添加文本和文本格式的设置方法。

(7) 掌握在幻灯片中插入表格的方法。

(8) 掌握在幻灯片中插入 SmartArt 图形的方法。

二、实验内容与步骤

任务1 演示文稿的创建、保存、关闭和打开

【任务描述】

启动 PowerPoint 2010,创建空白演示文稿,以"端午节介绍.pptx"为文件名保存。关闭此演示文稿后,再打开"端午节介绍.pptx"。

【任务实现】

1. 启动 PowerPoint 2010

单击"开始"菜单,选择"开始"菜单中的"所有程序",打开其下级菜单中的 Microsoft Office,在级联菜单中选择 Microsoft Office PowerPoint 2010 启动 PowerPoint 应用程序。

2. 创建 PowerPoint 文档

PowerPoint 2010 为用户提供了两种创建新的演示文稿的方法：一种是直接创建空白演示文稿，默认情况下，启动 PowerPoint 2010 即自动新建一个包括一张幻灯片的空白演示文稿；另一种方法是通过 PowerPoint 2010 提供的模板创建演示文稿。

1) 直接创建空白演示文稿

当用户启动 PowerPoint 2010 时，会出现图 5.1 所示窗口，在该演示文稿中包含一张幻灯片，且版式自动为"标题幻灯片"，背景为白色。

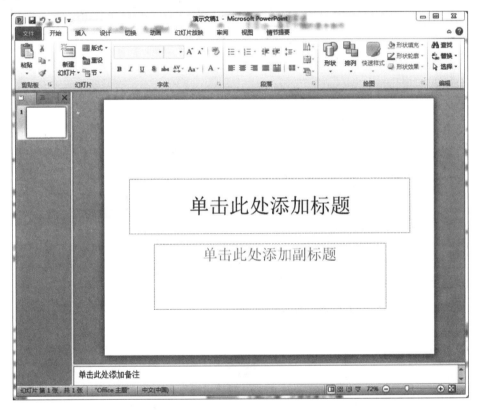

图 5.1　PowerPoint 新建默认演示文稿

也可以通过"文件"选项卡下的"新建"命令，在弹出的"主页"中选择"空白演示文稿"，再单击右侧的"创建"按钮创建如图 5.2 所示版式的新演示文稿。

2) 应用"现有模板"创建演示文稿

PowerPoint 2010 中预安装了一些模板，用户也可以从 Office.com 网站上下载更多模板。本例使用 PowerPoint 2010 中预安装的"项目状态报告"模板创建一个新的演示文稿。

单击"文件"选项卡中的"新建"命令，在弹出的"主页"中选择"样本模板"中的"项目状态报告"模板，再单击右侧的"创建"按钮，如图 5.3 所示。

"项目状态报告"模板演示文稿将自动创建包含 11 张幻灯片的演示文稿，如图 5.4 所示，然后修改演示文稿的内容，包括演示文稿标题、作者、正文文字等内容。

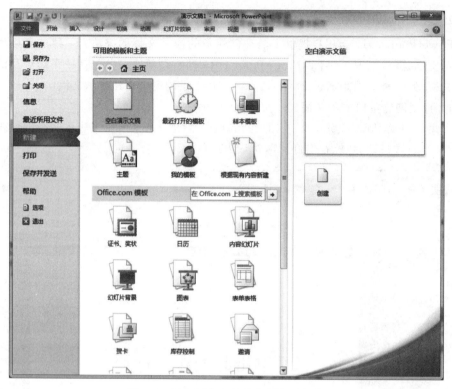

图 5.2 "新建"命令创建空白演示文稿

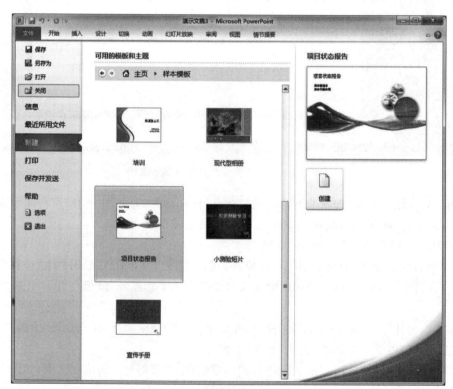

图 5.3 "新建"命令创建空白演示文稿

图 5.4　使用"模板"创建的演示文稿

3. 保存 PowerPoint 文稿

单击"文件"选项卡中的"保存"命令,在弹出的"另存为"对话框中选择要保存的文件夹,并在"文件名"右侧的组合框中输入文件名"端午节介绍",选择文件类型为"PowerPoint 演示文稿",单击"保存"按钮,如图 5.5 所示。

【提示】　若是第一次保存,会弹出"另存为"对话框;若不是第一次保存,则"保存"命令直接按原来的保存位置、文件名和文件类型保存。"文件"选项卡中的"另存为"命令则会新建一个文档。也可以单击快速访问工具栏上的"保存"按钮 。

4. 关闭与打开 PowerPoint 文档

单击 PowerPoint 2010 程序窗口右上角的"关闭"按钮 ，可关闭演示文稿;也可以单击"文件"选项卡中的"关闭"和"退出"命令来关闭演示文稿。

单击"文件"选项卡中的"打开"命令,在弹出的"打开"对话框中,根据文件的保存路径,找到欲打开的文件,单击文件名再单击"打开"按钮即可打开演示文稿,如图 5.6 所示。

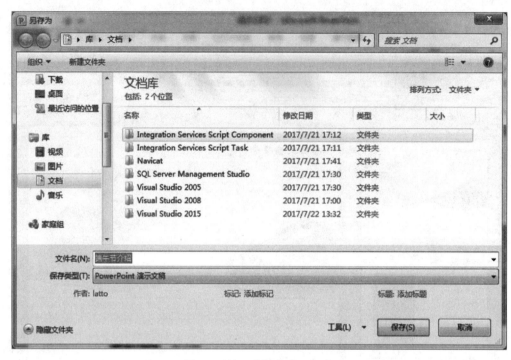

图 5.5　第一次保存演示文稿

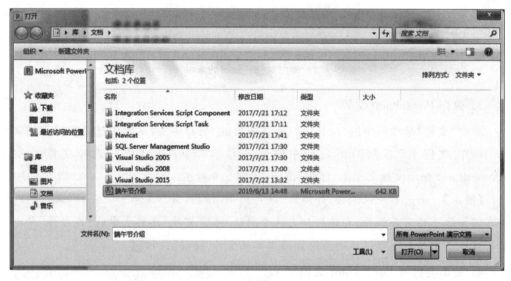

图 5.6　打开演示文稿

任务 2　插入幻灯片并设置幻灯片版式

【任务描述】

在"端午节介绍.pptx"文档中,插入 5 张幻灯片,并设置幻灯片的版式,其中第 2 张至第 5 张幻灯片版式为"标题和内容",第 6 张为"空白"版式。

【任务实现】

1. 插入新幻灯片

默认情况下,新演示文稿只有一张幻灯片,在演示文稿制作过程中,需要插入新的幻灯片,插入幻灯片的常用方法有以下三种。

(1)在大纲区中选择新建幻灯片插入的位置,打开"开始"选项卡,单击"幻灯片"选项组中的"新建幻灯片"按钮,即可完成添加一张新幻灯片,如图 5.7 所示,重复此操作可继续添加下一张新幻灯片。

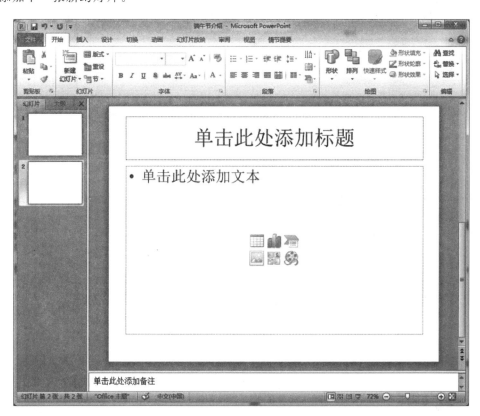

图 5.7　使用功能区插入新幻灯片

(2)在大纲区中选中某张幻灯片后按 Enter 键,即可插入一张新的幻灯片。

(3)在大纲区中选中某张幻灯片后右击,在快捷菜单中单击"新建幻灯片"命令即可,如图 5.8 所示。

2. 设置幻灯片版式

在大纲区中选择设置版式的幻灯片,打开"开始"选项卡,单击"幻灯片"选项组中的"版式"按钮,在展开的版式库中显示了多种版式,选择相应版式即可,如图 5.9 所示。

图 5.8　使用快捷菜单插入新幻灯片

图 5.9　设置幻灯片版式

也可以使用快捷菜单设置版式,即分别选择相应的幻灯片,右击,在弹出的快捷菜单中选择"版式"选项,在展开的版式库中单击相应的版式即可。

可以在插入新幻灯片的同时设置新幻灯片的版式,即切换到"开始"选项卡,单击"幻灯片"选项组中的"新建幻灯片"按钮旁边的下拉按钮,如图 5.10 所示,在展开的版式库中选择需要的版式,即可在完成添加一张新幻灯片的同时设置新幻灯片的版式。

图 5.10　新建幻灯片的同时设置幻灯片版式

任务 3　设置演示文稿外观

【任务描述】

在"端午节介绍.pptx"文档中,设计主题为"龙腾四海",通过幻灯片母版,在每张幻灯片中插入一张端午文字图片在幻灯片的左上角,并设置"标题和内容"中的"标题"颜色为"黑色",字号为 44 磅,"内容"字号为 28 磅,字形为"加粗"。

【任务实现】

1. 设计主题

打开"设计"选项卡,在"主题"选项组中选择"龙腾四海"主题并右击,在弹出的快捷菜单中执行"应用于所有幻灯片"命令,如图 5.11 所示,完成设计主题的选择。

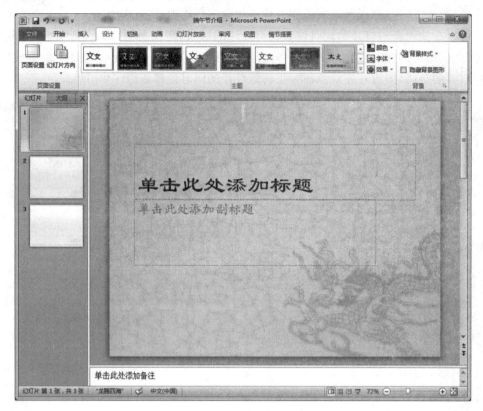

图 5.11　设计幻灯片主题

2. 幻灯片母版设计

切换至"视图"选项卡,在"母版视图"选项组中选择"幻灯片母版",进入幻灯片母版视图,如图 5.12 所示。这是幻灯片母版的版式,它会影响其下层的幻灯片版式。此幻灯片版式中包含标题、文字、日期、幻灯片编号和页脚 5 个占位符。

1) 在幻灯片母版中插入图片

(1) 选择第一张幻灯片版式"幻灯片母版",切换到"插入"选项卡,单击"图像"选项组中的"图片"按钮,打开"插入图片"对话框。

(2) 在"插入图片"对话框中,选择要插入的图片"端午节文字标识",然后在幻灯片中调整图片的大小,放置在幻灯片左上角位置,如图 5.13 所示。

2) 在母版中修改字体

(1) 在幻灯片母版视图中,选中第 3 张幻灯片版式"标题和内容",选中主标题占位符中的文本"单击此处编辑母版标题样式"。

(2) 右击文本,在弹出的快捷菜单中选择"字体"命令,弹出"字体"对话框,如图 5.14 所示,设置字号为 44 磅,设置字体颜色为"黑色",设置完毕后单击"确定"按钮。

(3) 使用同样的方法,设置幻灯片母版的"内容"字号为 28 磅,字形为"加粗"。

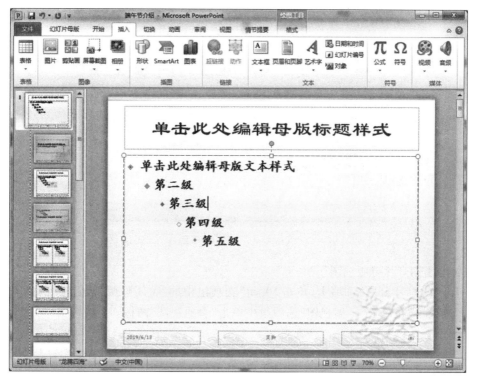

图 5.12 幻灯片母版视图

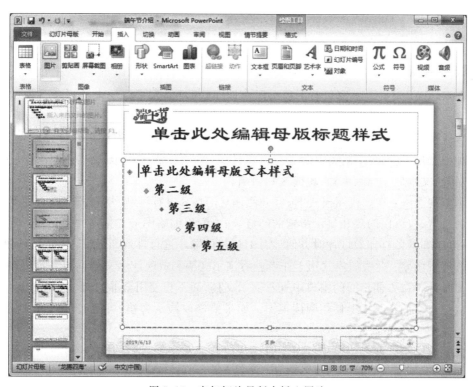

图 5.13 在幻灯片母版中插入图片

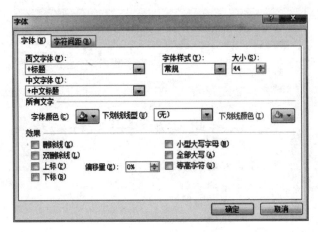

图 5.14 "字体"对话框

3）退出幻灯片母版视图

打开"幻灯片母版"选项卡，单击"关闭"选项组中的"关闭母版视图"按钮，或切换至"视图"选项卡，在"演示文稿视图"选项组中单击"普通视图"图标。

【提示】 对幻灯片母版的修改是不需要保存的，在修改的同时也就作用于所有的幻灯片了，当关闭幻灯片母版视图后，就可以查看到幻灯片母版对所有幻灯片的影响效果。

任务4 熟悉各个视图模式的应用

【任务描述】

在"端午节介绍.pptx"文档编辑中，体会各种视图模式的应用。

【任务实现】

在 PowerPoint 2010 窗口右下角的四个按钮 可以用来实现各个视图模式的切换。

普通视图 ：如图 5.15 所示，左侧是"大纲/幻灯片"窗格，右侧是幻灯片编辑窗口，在这种视图模式下，可以对幻灯片进行编辑排版，添加文本，插入图片、表格、图形、图表、图形对象、文本框、电影、声音、超链接和动画。

浏览视图 ：在此视图模式下，可方便地对幻灯片进行移动、复制、删除、页面切换等效果的设置，也可以隐藏和显示指定的幻灯片，查看以缩略图形式排列的幻灯片。通过此视图，可以在准备打印幻灯片时方便地对幻灯片的顺序进行排列和组织，如图 5.16 所示。

阅读视图 ：此视图模式用于作者查看演示文稿和放映演示文稿。如果希望在一个设有简单控件以方便审阅的窗口中查看演示文稿，而不想使用全屏的幻灯片放映视图，则也可以在自己的计算机上使用阅读视图。如果要修改演示文稿，可随时从阅读视图切换至其他视图。

放映视图 ：此视图模式可用于向观众放映演示文稿，幻灯片放映时会占据整个计算机屏幕。

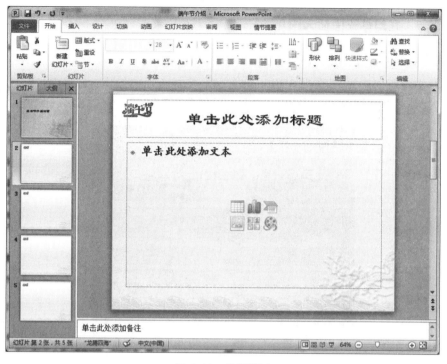

图 5.15 普通视图

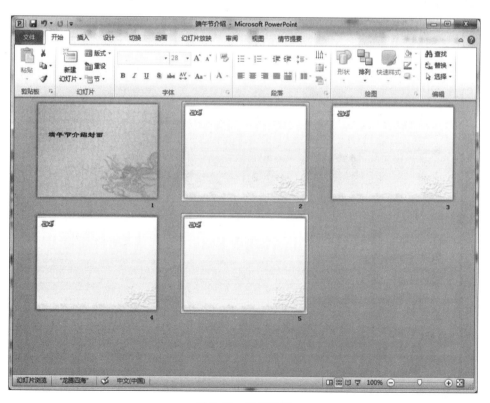

图 5.16 浏览视图

任务 5 在幻灯片中插入图片

【任务描述】

打开实验所创建的"端午节介绍.pptx"文档,完成下面的操作:在第 1 张幻灯片主标题中输入"端午节介绍封面",并插入图片"端午节首页",效果如图 5.17 所示。

图 5.17 第 1 张幻灯片样稿

【任务实现】

(1)在第 1 张幻灯片中,打开"插入"选项卡,单击"图像"选项组中的"图片"按钮。

(2)在"插入图片"对话框中,先选择要插入图片所在的磁盘位置,然后选择文件"端午节首页.png",最后单击"插入"按钮,如图 5.18 所示。

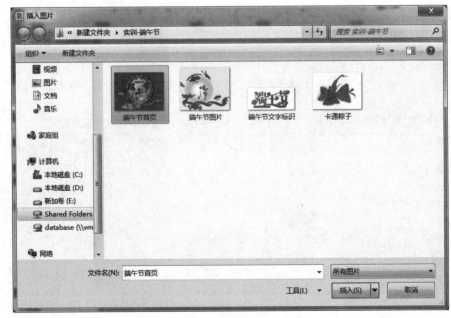

图 5.18 "插入图片"对话框

(3) 单击图片,将图片大小调整为与整张幻灯片大小一致。

任务 6　在幻灯片中添加文本和文本格式的设置

【任务描述】

第 2 张幻灯片采用"标题和内容"版式,输入标题内容和文字内容,效果如图 5.19 所示。

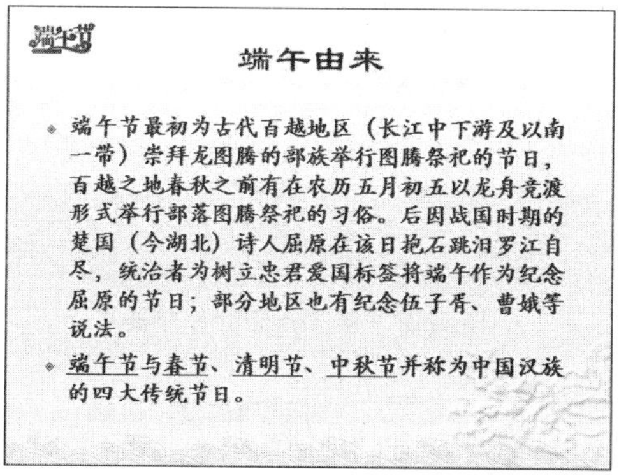

图 5.19　第 2 张幻灯片样稿

【任务实现】

在第 2 张幻灯片中,主标题输入"端午由来",字体格式设置为隶书、44 号。然后输入文本内容,字体格式设置为楷体、28 号、加粗、黑色。

【提示】　字体的设置也可选中文字后右击,在弹出的快捷菜单中执行"字体"命令,在"字体"对话框中进行设置。

任务 7　在幻灯片中插入表格

【任务描述】

"端午节介绍.pptx"的第 3 张幻灯片,采用"标题和内容"版式,标题输入"端午习俗",在下方插入表格,效果如图 5.20 所示。

【任务实现】

(1) 在第 3 张幻灯片中,单击标题占位符,输入"端午习俗"。

(2) 在第 3 张幻灯片中的内容占位符中,单击"插入表格"图标,弹出"插入表格"对话框,选择 2 列 5 行,单击"确定"按钮,如图 5.21 所示,则在幻灯片当前位置插入一个 2 列 5 行的表格。

(3) 输入如图 5.20 所示的表格内容。

(4) 选中表格,切换到"设计"选项卡,单击"表格样式"选项组中的"其他"按钮,选择合适的表格样式"中度样式 2 强调 1"。也可以用户自定义样式,可以根据用户的需要,单独为表格中的每个单元格独立设置不同的样式,主要有设置表格的底纹、边框、效果(包括单元格凹凸效果、阴影、映像)。设置方法类似于 Word 中的表格设置方法。

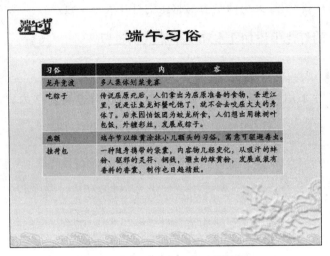

图 5.20　第 3 张幻灯片样稿

图 5.21　"插入表格"对话框

【提示】　插入表格也可以通过打开"插入"选项卡,单击"表格"选项组中的"表格"下拉按钮,在下拉列表中选择"插入表格"选项来完成。

任务 8　在幻灯片中插入 SmartArt 图形

【任务描述】

"端午节介绍.pptx"的第 4 张幻灯片,采用"标题和内容"版式,标题输入"端午粽",在下方插入 SmartArt 图形,效果如图 5.22 所示。

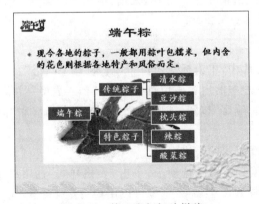

图 5.22　第 4 张幻灯片样稿

【任务实现】

（1）在第 4 张幻灯片中，单击标题占位符，输入"端午粽"。

（2）在第 4 张幻灯片中的内容占位符中，输入文本内容。

（3）打开"插入"选项卡，单击"插图"选项组中的"插入 SmartArt 图形"图标按钮，弹出"选择 SmartArt 图形"对话框，单击所需的"水平组织结构图"，如图 5.23 所示，单击"确定"按钮，完成 SmartArt 图形的插入。

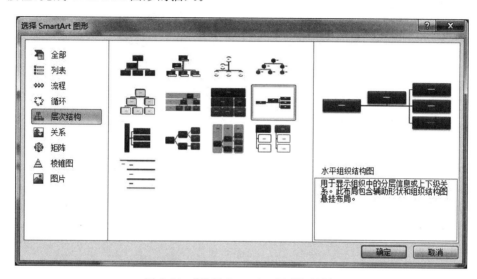

图 5.23 "选择 SmartArt 图形"对话框

（4）单击要向其中添加另一个形状的 SmartArt 图形，选择最接近新形状的添加位置的现有形状，打开"设计"选项卡，单击"创建图形"选项组中"添加形状"下拉三角按钮，根据实际情况执行下列操作之一添加形状。

① 若要在所选形状之后插入一个形状，单击"在后面添加形状"按钮。

② 若要在所选形状之前插入一个形状，单击"在前面添加形状"按钮。

③ 若要在所选形状上面插入一个形状，单击"在上方添加形状"按钮。

④ 若要在所选形状下面插入一个形状，单击"在下方添加形状"按钮。

（5）在"在此处键入文字"窗格的"［文本］"中输入文本，如图 5.24 所示。

（6）在 SmartArt 图形编辑区中，打开"格式"选项卡，单击"形状样式"选项组的"形状填充"下拉按钮打开的菜单中的"图片"，插入粽子的背景图片。

任务 9 在幻灯片中插入艺术字和文本框

【任务描述】

"端午节介绍.pptx"的第 5 张幻灯片，采用空白版式，然后插入艺术字和文本框，效果如图 5.25 所示。

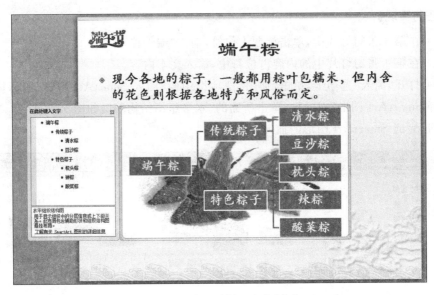

图 5.24　"在此处键入文字"窗格

【任务实现】

（1）在第 5 张幻灯片中，切换到"插入"选项卡，单击"文本"选项组中的"艺术字"下拉按钮，在下拉列表中选择"填充 蓝-灰，强调文字颜色 2 粗糙棱台"选项，输入"祝端午安康！"。

（2）切换到"插入"选项卡，单击"文本"选项组中的"文本框"按钮，在弹出的下拉菜单中选择"横排文本框"选项。将鼠标指针移动到幻灯片中，当光标变成"I"形状时，单击鼠标并拖动，即可绘制出一个文本框。

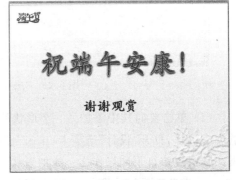

图 5.25　第 5 张幻灯片样稿

（3）在文本框中输入文字"谢谢观赏"，并设置字体格式为楷体、28 号、加粗、黑色。

任务 10　幻灯片的移动

【任务描述】

为"端午节介绍.pptx"文件添加第 6 张幻灯片，编辑目录内容，通过幻灯片移动变成第 2 张幻灯片。

【任务实现】

（1）在第 6 张幻灯片中，单击标题占位符，输入"目录"。

（2）在第 6 张幻灯片中的内容占位符中，输入文本内容"端午由来""端午习俗"和"端午粽"。

（3）移动幻灯片可采用下面两种方法：一是在"大纲"或"幻灯片"窗格中，按住鼠标左键将选中的幻灯片拖动到新的位置,再释放鼠标;二是在"幻灯片浏览"视图中,将选中的幻灯片拖动到新位置,再释放鼠标。选用上述哪种方法均可。

实验 2 幻灯片动画效果和切换效果的制作

一、实验目的

(1) 掌握设置、删除、更改各种对象的动画效果的方法。
(2) 掌握在幻灯片中添加文本和文本格式的设置方法。
(3) 掌握在幻灯片中插入超链接的方法。
(4) 掌握幻灯片放映和结束放映的方法。

二、实验内容与步骤

任务 1 幻灯片切换方式设计

【任务描述】

打开实验 1 中设计的"端午节介绍.pptx"文档,在文档中设置各幻灯片的切换效果依次为"时钟""蜂巢""库"和"正方体"。

【任务实现】

(1) 选中第 1 张幻灯片,切换到"切换"选项卡,单击"切换到此幻灯片"选项组中的"其他"按钮,打开切换效果列表,如图 5.26 所示。

(2) 选择"时钟"选项,单击"效果选项"下拉按钮,在下拉列表中选择"顺时针"选项,再选择"速度、声音、换片方式"选项,完成第 1 张幻灯片的切换设置。

(3) 采用上述方法,依次将其余 5 张幻灯片的切换方式设置为"蜂巢""库"和"正方体"。

任务 2 幻灯片片内动画设计

【任务描述】

打开"端午节介绍.pptx"的第 3 张幻灯片,为其设计动画效果。

【任务实现】

(1) 单击第 3 张幻灯片,选中主标题"端午习俗",切换到"动画"选项卡,单击"动画"选项组中的"其他"下拉按钮,打开"动画效果"下拉列表,如图 5.27 所示,选择"擦除"选项。

(2) 切换到"动画"选项卡,单击"高级动画"选项组中的"动画窗格"按钮,在窗口右侧弹出如图 5.28 所示"动画窗格"。

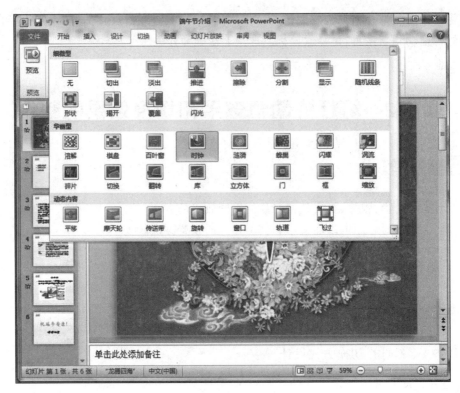

图 5.26　切换效果列表

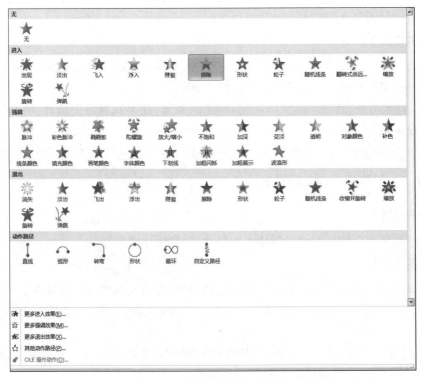

图 5.27　"动画效果"下拉列表

图 5.28　动画窗格

（3）在动画窗格中，单击动画方案右侧的下拉按钮，选择"效果"选项，弹出"擦除"对话框，如图 5.29 所示。在"效果"选项卡中设置"方向"选项为"自顶部"，"声音"选项为"无声音"。

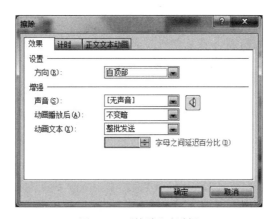

图 5.29　"擦除"对话框

（4）在"计时"选项卡中设置"开始"选项为"单击时"，"期间"选项为"快速"。

（5）选中内容占位符，采用与主标题设置相同的方法，将其动画设置为"飞入"，方向"自底部"，开始"单击时"，期间"非常快"。

任务 3　在演示文稿中创建超链接

【任务描述】

"端午节介绍.pptx"中的第 2 张幻灯片，分别与第 3 张、第 4 张和第 5 张幻灯片进行超链接。

【任务实现】

（1）在第 2 张幻灯片的内容中，选中第一行文本"端午由来"并右击，在弹出的快捷菜单中执行"超链接"命令，弹出"插入超链接"对话框。

（2）选择"本文档中的位置"选项，然后在"请选择文档中的位置"区域中选择标题为"端午由来"的幻灯片，如图 5.30 所示。单击"确定"按钮，链接成功。

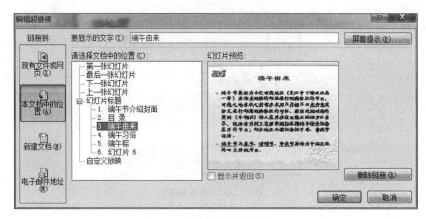

图 5.30 "编辑超链接"对话框

（3）分别选中第 2 行和第 3 行内容，采用与第 1 行相同的创建超链接方法，分别与第 4 张和第 5 张幻灯片进行链接。

【提示】 创建超链接也可以通过切换到"插入"选项卡，单击"链接"选项组中的"超链接"按钮来打开"编辑超链接"对话框。

任务 4 在演示文稿中设置动作按钮

【任务描述】

在幻灯片 3、4、5 中分别添加一个动作按钮，实现使其超链接到第 2 张幻灯片。

【任务实现】

（1）选中第 5 张幻灯片，切换到"插入"选项卡，单击"插图"选项组中的"形状"下拉菜单，在下拉列表的"动作按钮"区域中选择"动作按钮：后退或者前一项"选项，将光标定位在幻灯片的右下角合适位置，按住鼠标左键，绘制动作按钮图标，松开鼠标左键的同时弹出"动作设置"对话框，如图 5.31 所示。

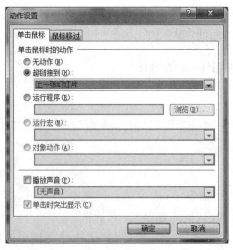

图 5.31 "动作设置"对话框

（2）单击"超链接到"单选按钮,在其下拉列表中选择"幻灯片"选项,弹出"超链接到幻灯片"对话框,如图 5.32 所示。选择第 2 张幻灯片标题"目录",单击"确定"按钮,返回"动作设置"对话框,再单击"确定"按钮。最后调整按钮的大小和位置。

图 5.32 "超链接到幻灯片"对话框

（3）在第 4 张、第 5 张幻灯片上,采用与上述相同的方法,设置动作按钮超链接到第 2 张幻灯片。

任务 5 放映幻灯片

【任务描述】

在"端午节介绍.pptx"文档中,放映幻灯片。

【任务实现】

（1）切换到"幻灯片放映"选项卡,单击"开始放映幻灯片"选项组中的"从头开始"按钮,即从第一张幻灯片开始放映幻灯片,或者单击"开始放映幻灯片"选项组中的"从当前幻灯片开始"按钮,即从当前幻灯片开始放映幻灯片。

也可单击演示文稿窗口右下方"视图切换区"的第四个图标 ,则从当前幻灯片开始放映。

（2）在放映过程中,可直接按 Esc 键,结束放映。也可右击弹出快捷菜单,选择"结束放映"。

综合实训 "这就是武汉"PPT 的制作

一、实验目的

（1）综合应用字体格式的设置,掌握插入图片方法。

（2）掌握幻灯片母版的使用。

（3）掌握在幻灯片中插入超链接与动作按钮的方法。

（4）掌握演示文稿放映时幻灯片切换效果的设置方法。

（5）掌握演示文稿放映时动画的设置方法。

二、实验内容与步骤

本实训主要完成"这就是武汉"PPT 的制作。

任务 1　创建空白演示文稿

【任务描述】

启动 PowerPoint 2010,创建空白演示文稿,以"这就是武汉"为文件名保存。

【任务实现】

1. 新建演示文稿

单击"开始"菜单,选择"开始"菜单中的"所有程序",打开其下级菜单中的 Microsoft Office,在级联菜单中选择 Microsoft Office PowerPoint 2010 启动 PowerPoint 应用程序,创建空白演示文稿。

2. 保存演示文稿

单击"文件"选项卡中的"保存"命令,在弹出的"另存为"对话框中选择合适的位置,并在"文件名"右侧的组合框中输入文件名"这就是武汉",选择文件类型为"PowerPoint 演示文稿",单击"保存"按钮。

任务 2　幻灯片母版的设计

【任务描述】

(1) 设置图片作为所有幻灯片背景。
(2) 为每一张幻灯片添加"武汉工程科技学院"的校名及校徽。
(3) 除第 1 张幻灯片外,每张幻灯片添加页码。

【任务实现】

1. 设置幻灯片背景

切换到"视图"选项卡,单击"母版视图"选项组中的"幻灯片母版"按钮,即可切换到幻灯片母版。

选中第 1 张幻灯片,切换到"设计"选项卡,单击"背景"选项组中的"背景样式"按钮,在弹出的"背景样式"库的下方选择"设置背景格式",弹出"设计背景格式"对话框,如图 5.33 所示。

先在左侧选择"填充",然后在右侧单击"图片或纹理填充",在"插入自文件"中选择背景图片文件"武汉背景图",然后去选择"将图片平铺为纹理",单击"全部应用"按钮即可实现本演示文稿全部使用此背景,最后单击"关闭"按钮。

2. 设置页眉页脚

切换到"插入"选项卡,单击"文本"选项组中的"幻灯片编号"按钮,在弹出的"页眉和

图 5.33　"设置背景格式"对话框

页脚"对话框中,勾选"幻灯片编号"和"标题幻灯片中不显示"复选框,单击"全部应用"按钮即可实现除第 1 张幻灯片外其余幻灯片均添加右下角页码,如图 5.34 所示。

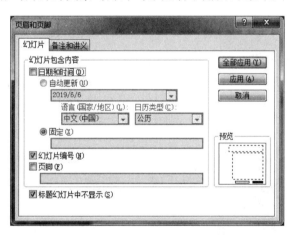

图 5.34　"页眉和页脚"对话框

3. 更改幻灯片母版

切换到"插入"选项卡,单击"图像"选项组中的"图片"图标,选择要插入的图片"武汉工程科技学院校名标识",调整图片的大小,放置在幻灯片左下角页脚位置。

然后选中页面占位符,更改文字颜色为"橙色 强调文字颜色 6 深色 50％"。打开"幻灯片母版"选项卡,单击"关闭"选项组中的"关闭母版视图"按钮即可结束幻灯片母版编辑,如图 5.35 所示。

图 5.35　设置好母版的幻灯片

任务 3　制作幻灯片

【任务描述】

根据主题内容组织材料,第 1 张幻灯片输入文本标题,第 2 张幻灯片制作图片目录,第 3 张输入文本内容,第 4 张制作表格,第 5 张插入艺术字,第 6～9 张幻灯片均为文字内容。

【任务实现】

1. 制作第 1 张幻灯片

新建一张"标题幻灯片",然后在主标题上输入"这就是武汉",如图 5.36 所示。

图 5.36　第 1 张幻灯片样稿

2. 制作第 2 张幻灯片

(1)新建一张"标题和内容"幻灯片,在标题文本框中输入"主要内容"。

(2)在内容文本框中单击"插入 SmartArt 图形",选择"图片题注列表"样式,如图 5.37 所示。

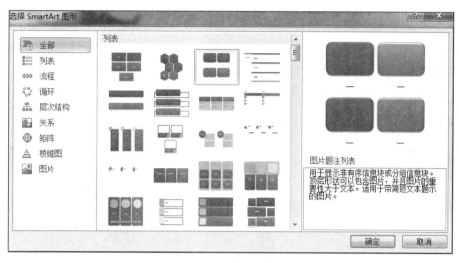

图 5.37 "图片题注列表"样式

（3）在"在此处键入文字"对话框中输入图片和文字，结果如图 5.38 所示。

图 5.38 "在此处键入文字"对话框

3. 制作第 3 张幻灯片

（1）新建一张"标题和内容"幻灯片，在标题文本框中输入"武汉简况"。

（2）在内容文本框中输入文字，结果如图 5.39 所示。

4. 制作第 4 张幻灯片

（1）新建一张"标题和内容"幻灯片，在标题文本框中输入"行政区域"。

（2）在内容文本框中单击"插入表格"，在如图 5.40 所示对话框中输入 5 列 14 行。
也可用文本框右边的微调按钮实现。

图 5.39　第 3 张幻灯片样稿　　　　图 5.40　"插入表格"对话框

（3）选中表格，切换到"设计"选项卡，单击"表格样式"选项组中的"其他"按钮，选择表格样式"中度样式 4 强调 6"。

（4）选中需要合并的单元格，右击弹出菜单，选择"合并单元格"，合并后的单元格如图 5.41 所示。

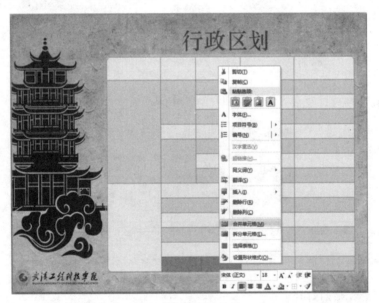

图 5.41　合并单元格

（5）在单元格中输入数据，结果如图 5.42 所示。

5. 制作第 5 张幻灯片

（1）新建一张"仅标题"幻灯片，在标题文本框中输入"武汉精神"。

（2）切换到"插入"选项卡，单击"文本"选项组中的"艺术字"下拉按钮，在下拉列表中选择样式"红色 强调文字 2 粗糙棱台"，输入"敢为人先 追求卓越"。

辖区性质	地区	市辖区	行政代码	面积/km²
中心城区	汉口	江岸区	420102	64.24
		江汉区	420103	33.43
		硚口区	420104	41.9
	汉阳	汉阳区	420105	108
	武昌	武昌区	420106	82.2
		青山区	420107	61.1
		洪山区	420111	509
远郊城区	东西湖区		420112	495.3
	汉南区		420113	287
	蔡甸区		420114	1100.81
	江夏区		420115	2014.5
	黄陂区		420116	2261
	新洲区		420117	1409.7

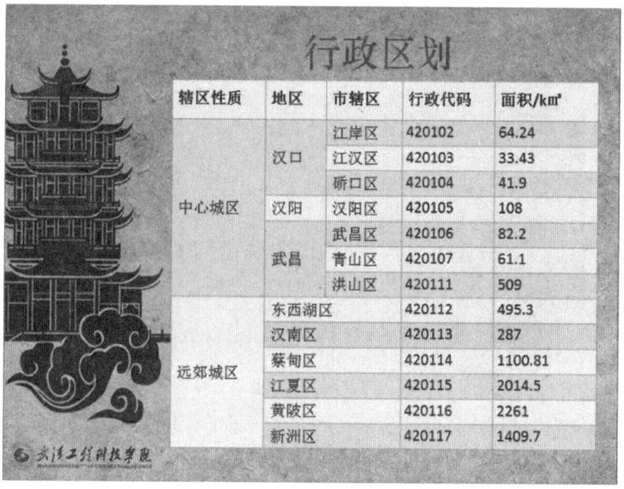

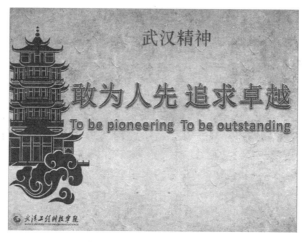

图 5.42　第 4 张幻灯片样稿

（3）同样插入艺术字“To be pioneering To be outstanding”。

（4）调整艺术字到合适的位置，效果如图 5.43 所示。

图 5.43　第 5 张幻灯片样稿

6. 制作第 6～8 张幻灯片

新建三张“标题和内容”幻灯片，输入的标题和内容如图 5.44～图 5.46 所示。

7. 制作第 9 张幻灯片

新建一张空白幻灯片，切换到“插入”选项卡，单击“文本”选项组中的“文本框”按钮，在弹出的下拉菜单中选择“横排文本框”选项。将鼠标指针移动到幻灯片中，当光标变成“I”形状时，单击鼠标并拖动，即可绘制出一个文本框。

在文本框中输入文字“欢迎您到武汉来！”，并设置字体格式为“华文中宋、60、加粗、橙色 强调文字颜色 6 深色 50%”，如图 5.47 所示。

图 5.44　第 6 张幻灯片样稿

图 5.45　第 7 张幻灯片样稿

图 5.46　第 8 张幻灯片样稿

图 5.47　第 9 张幻灯片样稿

任务 4　幻灯片动画设计

【任务实现】

（1）切换到第 1 张幻灯片，选中标题，打开"动画"选项卡，添加"擦出"动画。

（2）为第 2 张幻灯片的 SmartArt 添加"浮入"动画。

（3）为第 5 张幻灯片的艺术字添加"缩放"动画。

（4）为第 9 张幻灯片的标题添加"缩放"动画。

任务 5　幻灯片切换方式设计

【任务实现】

（1）切换到第 1 张幻灯片，打开"切换"选项卡，单击"切换到此幻灯片"选项组中的"其他"按钮，在打开切换效果列表中选择"淡出"选项，然后对"效果选项""速度""声音""换片方式"等进行设置，完成第 1 张幻灯片的切换设置。

（2）为第 2 张幻灯片添加"揭开"切换方式。

（3）为第 3 张幻灯片添加"覆盖"切换方式。

（4）为第 4 张幻灯片添加"轨道"切换方式。

（5）为第 5 张幻灯片添加"旋转"切换方式。

（6）为第 6 张幻灯片添加"平移"切换方式。

（7）为第 7 张幻灯片添加"框"切换方式。

（8）为第 8 张幻灯片添加"摩天轮"切换方式。

（9）为第 9 张幻灯片添加"传送带"切换方式。

任务 6　在演示文稿中创建超链接

【任务描述】

为第 2 张幻灯片中 SmartArt 图片设置超链接。

【任务实现】

（1）切换到第 2 张幻灯片，选中"武汉简况"的图片右击，在弹出的快捷菜单中执行"超链接"选项，弹出"插入超链接"对话框。

（2）选择"本文档中的位置"选项，选择"武汉简况"幻灯片，单击"确定"按钮，设置超链接完成，如图 5.48 所示。

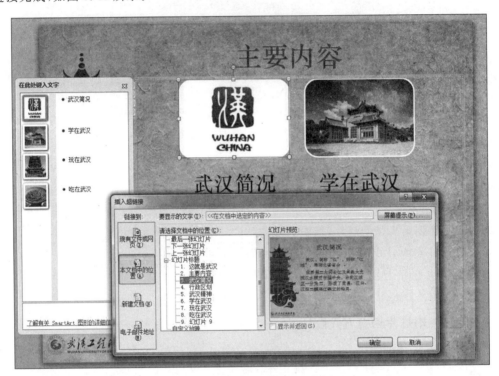

图 5.48　"插入超链接"对话框

（3）采取同样的方法，为其他三幅图片设置超链接。

任务 7　在演示文稿中设置动作按钮

【任务描述】

在幻灯片 5、6、7 中分别添加一个动作按钮，实现切换到第 2 张幻灯片功能。

【任务实现】

（1）切换到第 5 张幻灯片，切换到"插入"选项卡，单击"插图"选项组中的"形状"下拉菜单，在下拉列表的"动作按钮"区域中选择"动作按钮：后退或者前一项"选项，将光标定位在幻灯片的右下角合适位置，按住鼠标左键，绘制动作按钮图标，松开鼠标左键的同时弹出"动作设置"对话框。

（2）单击"超链接到"单选按钮，在其下拉列表中选择"幻灯片"选项，单击"确定"按钮，链接成功。最后调整按钮的大小和位置，如图 5.49 所示。

图 5.49 "动作设置"对话框

（3）同样，在幻灯片 6、7 中分别添加动作按钮。

第6章

计算机网络基础

实验 1   IE 浏览器的使用

一、实验目的

(1) 熟练使用 IE 浏览器浏览网页。

(2) 掌握网页的收藏。

(3) 掌握网页内容及网页中图片的保存。

(4) 掌握 IE 浏览器的基本设置。

二、实验内容与步骤

【任务描述】

使用 IE 浏览器浏览新浪网页,收藏新浪首页,设置新浪首页为打开 IE 浏览器时最先打开的网页,保存新浪首页内容和首页中的一张图片,查找访问的历史记录。

【任务实现】

1. 使用 IE 浏览器浏览新浪网页

启动 IE 浏览器,在地址栏中输入新浪的网址"https://www.sina.com.cn/",打开新浪的首页,浏览网页中的内容,利用"返回"和"前进"按钮在各个页面间切换。

(1) 双击桌面上的 Internet Explorer 快捷图标,或者选择"开始"菜单中的"所有程序",打开子菜单选择 Internet Explorer,启动 IE 浏览器。

(2) 在地址栏中输入"https://www.sina.com.cn/"并按 Enter 键,浏览器窗口将打开新浪的首页,如图 6.1 所示。

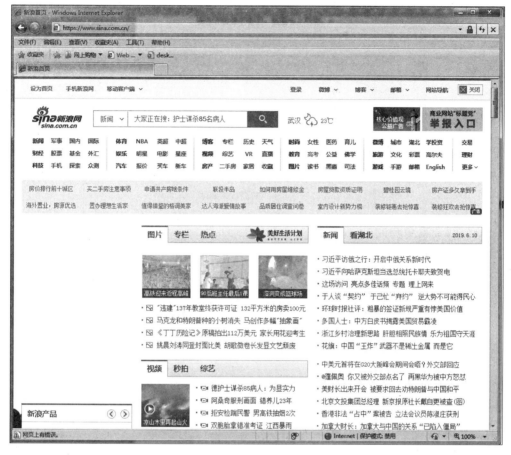

图 6.1　新浪首页

（3）单击新浪首页上的"新闻""财经""体育""科技"等超级链接，打开相应的网页，浏览其内容，注意地址栏上网址的变化。

（4）通过单击地址栏左边的"返回"和"前进"按钮在访问的页面之间进行切换。

（5）通过单击地址栏右侧的"刷新"按钮对当前网页更新。

2. 收藏网页

把经常要访问的新浪首页添加到收藏夹里，避免网址的重复输入或查找，下次访问该网页时可以在收藏夹里找到。

（1）打开新浪首页。

（2）选择菜单栏上的"收藏夹"命令弹出下拉菜单，选择"添加到收藏夹"命令打开"添加收藏"对话框，在"名称"文本框中有默认的名称"新浪首页"，如果需要更改，可重新输入，如果需要更改保存的位置，可在"创建位置"下拉列表中选择，单击"确定"按钮，该网页被保存在收藏夹里。

（3）若下次打开新浪首页，选择菜单栏上的"收藏夹"命令弹出下拉菜单，在下拉菜单中选择"新浪首页"，或者单击工具栏上的"收藏夹"按钮，打开"添加到收藏夹"窗格，如

图 6.2 所示,在"收藏夹"选项卡中单击"新浪首页"。

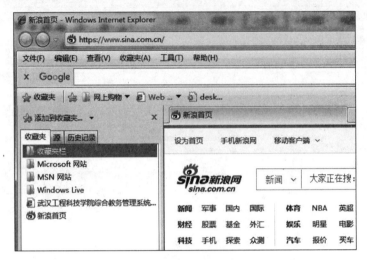

图 6.2 "添加到收藏夹"窗格

3. 设置主页

设置每次打开 IE 浏览器时,最先打开的是新浪首页。

(1) 打开新浪首页。

(2) 选择菜单栏上的"工具"命令弹出下拉菜单,选择"Internet 选项"命令弹出"Internet 选项"对话框,在"常规"选项卡"主页"栏中,单击"使用当前页"按钮,新浪网址出现在列表框中,单击"确定"按钮。

4. 保存网页中需要的内容

将新浪主页内容保存在"D:\my_words"目录中,文件主名为"新浪主页"。将新浪主页中的一张图片保存在"D:\my_words"目录中,文件主名为"图片"。

(1) 打开新浪首页。

(2) 选择菜单栏上的"文件"命令弹出下拉菜单,选择"另存为"命令弹出"保存网页"对话框,在左边导航窗格中选择 D 盘,或者在上方地址栏下拉列表框中选择 D 盘,在右侧窗口工作区中选择 my_words 文件夹,在"文件名"输入框中输入文件主名"新浪主页",在"保存类型"下拉列表框中选择"网页全部",单击"保存"按钮。

(3) 将鼠标定位在新浪主页中需要保存的图片上,右击弹出快捷菜单,选择"图片另存为"命令弹出"保存图片"对话框,在左边导航窗格中选择 D 盘,或者在上方地址栏下拉列表框中选择 D 盘,在右侧窗口工作区中选择 my_words 文件夹,在"文件名"输入框中输入文件主名"图片",在"保存类型"下拉列表框中选择 JPEG,单击"保存"按钮。

5. 查看历史记录

查看最近一段时间内浏览过的网页标题,快速找到曾经访问过的信息。

(1) 单击工具栏上的"收藏夹"按钮,打开"添加到收藏夹"窗格,在"历史记录"选项卡中可看到近期的历史记录,如图 6.3 所示。

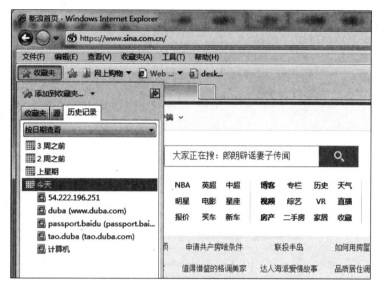

图 6.3 "历史记录"选项卡

（2）用鼠标双击记录，打开曾经访问过的信息。

实验 2 电子邮件的使用

一、实验目的

（1）掌握免费电子邮箱的申请。
（2）掌握免费电子邮箱的使用。
（3）掌握 Outlook Express 的基本设置。
（4）掌握用 Outlook Express 收发邮件。
（5）掌握在 Outlook Express 通讯簿中添加联系人。

二、实验内容与步骤

【任务描述】

申请一个免费的新浪电子邮箱，在新浪主页中使用免费的电子邮箱系统，将该电子邮箱账号添加到 Outlook Express 中，在 Outlook Express 中添加邮件地址为"65487784@qq.com"的联系人熊俊欣，利用 Outlook Express 给该联系人发送一封邮件，主题为"通知"，邮件内容为"您好：恭喜您被我校录取，请尽快来办理入学手续。"，改变 Outlook Express 中保存邮件的路径。

【任务实现】

1. 申请免费的新浪电子邮箱

（1）启动 IE 浏览器，在地址栏中输入新浪的网址"https：//www．sina．com．cn/"，打开新浪的主页。

（2）在页面上方的导航栏中选择"邮箱"命令弹出下拉菜单，选择"免费邮箱"弹出"免费邮箱登录"选项卡，单击"注册"按钮，弹出"欢迎注册新浪邮箱"界面，如图 6.4 所示。按照要求填写注册信息后单击"立即注册"按钮完成注册。

图 6.4 "欢迎注册新浪邮箱"界面

2. 使用免费的电子邮箱系统

在新浪首页中使用申请的免费电子邮箱。

（1）启动 IE 浏览器，打开新浪的主页。

（2）在页面上方的导航栏中选择"登录"命令弹出"登录"对话框，输入注册时的"用户名"和"密码"，单击"登录"按钮，即可进入"新浪邮箱"首页，如图 6.5 所示。

3. 在 Outlook Express 中添加账户

启动 Outlook Express，在 Outlook Express 中添加账户，账户为免费申请的新浪电子

图 6.5 "新浪邮箱"首页

邮箱。

（1）选择"开始"菜单中的"所有程序"，打开子菜单选择 Outlook Express，启动
Outlook Express。

（2）选择菜单栏上的"工具"命令弹出下拉菜单，选择"账户"命令弹出"Internet 账户"
对话框，单击"添加"按钮，在弹出的子菜单中选择"邮件"命令，如图 6.6 所示，弹出
"Internet 连接向导"对话框。

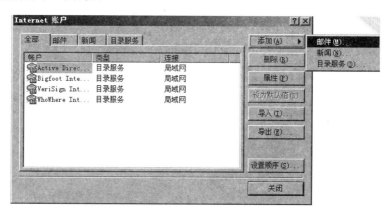

图 6.6 "Internet 账户"对话框

（3）在"显示名"文本框中输入名字，单击"下一步"按钮，在"电子邮件地址"文本框中
输入申请的免费邮箱，单击"下一步"按钮，在"接收邮件服务器"文本框中输入"pop. sina.
com"，在"发送邮件服务器"文本框中输入"stmp. sina. com"，如图 6.7 所示，单击"下一
步"按钮。

（4）在"账户名"文本框中输入申请免费邮箱时填写的用户名，在"密码"文本框中输

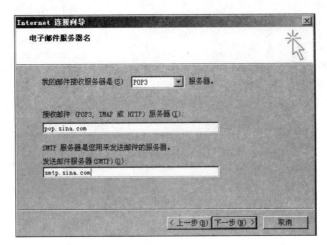

图 6.7 设置电子邮件服务器

入申请免费邮箱时填写的密码,单击"下一步"按钮,单击"完成"按钮,添加的账户会出现在如图 6.6 所示的"全部"选项卡中。选中某个账户,单击"属性"按钮,可以查看相应的设置信息。

4. 在 Outlook Express 中添加联系人

在 Outlook Express 中添加邮件地址为"65487784@qq.com"的联系人熊俊欣。

（1）启动 Outlook Express。

（2）单击工具栏上的"地址"按钮打开"通讯簿"窗口,如图 6.8 所示。

图 6.8 "通讯簿"窗口

　　（3）单击"新建"命令弹出下拉菜单,选择"新建联系人"命令弹出"属性"对话框,在"姓"文本框中输入"熊",在"名"文本框中输入"俊欣",在"电子邮件地址"文本框中输入"65487784@qq.com",如图 6.9 所示。单击"确定"按钮。"熊俊欣"添加到通讯簿的列表中,也添加在 Outlook Express 窗口左下角的"联系人"窗格中,如图 6.10 所示。

5. 用 Outlook Express 收发邮件

用 Outlook Express 中添加的账户给熊俊欣发送一封邮件,主题为"通知",邮件内容

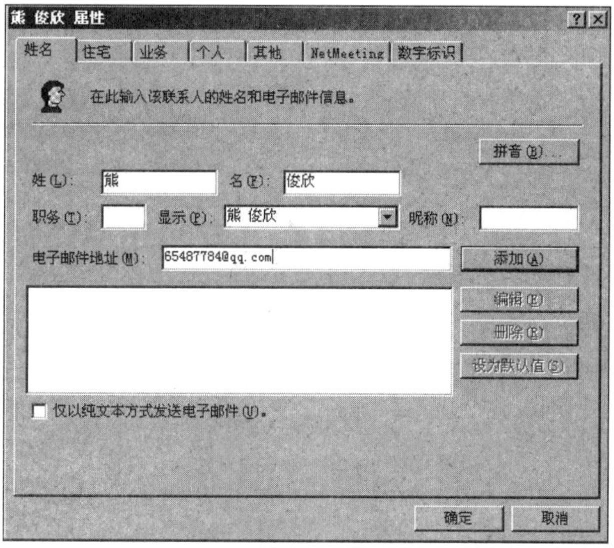

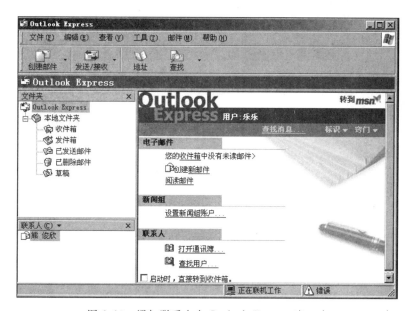

图 6.9　添加联系人

图 6.10　添加联系人在 Outlook Express 窗口中

为"您好：恭喜您被我校录取，请尽快来办理入学手续。"

（1）启动 Outlook Express。

（2）双击如图 6.10 所示的窗口左下角联系人窗格中的"熊俊欣"，打开"新邮件"窗口，如图 6.11 所示。或者单击工具栏上的"创建邮件"按钮打开"新邮件"窗口（需要输入收件人地址）。

（3）在"主题"文本框中输入"通知"，在文本区中输入邮件内容"您好：恭喜您被我校录取，请尽快来办理入学手续。"如图 6.12 所示。

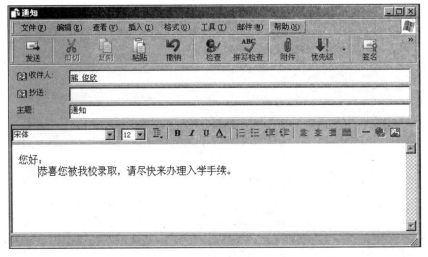

图 6.11 "新邮件"窗口

图 6.12 输入邮件内容

（4）单击工具栏上的"发送"按钮发送邮件。

（5）如果要接收邮件，单击 Outlook Express 窗口工具栏上的"发送/接收"按钮，可以接收邮件。

（6）邮件接收完毕后，单击如图 6.10 所示窗口左上角"文件夹"窗格中的"收件箱"，再在窗口右侧单击邮件列表中接收到的邮件主题，在窗口下方的邮件内容窗格中显示邮件内容，如图 6.13 所示。

6. 在 Outlook Express 中设置保存邮件的路径

更改保存邮件的路径为"D:\my_words"。

（1）启动 Outlook Express。

（2）选择菜单栏上的"工具"命令弹出下拉菜单，选择"选项"命令弹出"选项"对话框，

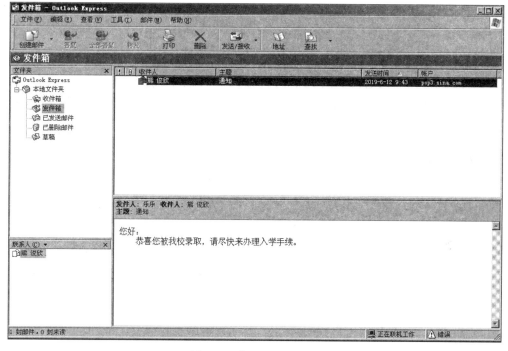

图 6.13　打开接收的邮件

选择"维护"选项卡,单击"存储文件夹"按钮打开"存储位置"对话框,在文本框中输入
"D:\my_words",或者单击"更改"按钮指定"D:\my_words"路径。单击"确定"按钮指定
新的存储路径。

参 考 文 献

[1] 周利民,刘虚心.计算机应用基础(Windows 7+Office 2010)[M].天津:南开大学出版社,2013.

[2] 郑德庆.计算机应用基础(Windows 7+Office 2010)[M].北京:中国铁道出版社,2011.

[3] 张青,何中林,杨族桥.大学计算机基础教程(Windows 7+Office 2010)[M].西安:西安交通大学出版社,2014.

[4] 张青,何中林,杨族桥.大学计算机基础实训教程(Windows 7+Office 2010)[M].西安:西安交通大学出版社,2014.

[5] 靳广斌.现代办公自动化教程(Microsoft Office Specialist 2010 合订本)[M].北京:中国人民大学出版社,2012.

[6] 徐梅,陈洁,宋亚岚.大学计算机基础[M].武汉:武汉大学出版社,2014.

[7] 徐久成,王岁花.大学计算机基础(修订版)[M].北京:科学出版社,2013.

[8] 郑纬民.计算机应用基础(Excel 2010 电子表格系统)[M].北京:中央广播电视大学出版社,2014.

[9] 郑纬民.计算机应用基础(Word 2010 文字表格系统)[M].北京:中央广播电视大学出版社,2013.

[10] 郑纬民.计算机应用基础(Windows 7 操作系统)[M].北京:中央广播电视大学出版社,2014.

[11] 张青,杨族桥,何中林.大学计算机基础实训教程[M].西安:西安交通大学出版社,2014.

[12] 李珊,邵兰洁,王先水.大学计算机基础与应用实训指导[M].北京:科学出版社,2016.